JN171935

Let's enjoy WINE

基本を知れば
もっとおいしい！

# ワインを楽しむ教科書

Ohnishi Takayuki
## 大西タカユキ
［監修］

ナツメ社

# 「ワインがさっぱり分からない！」
## というあなたへ

　私はワインが嫌いだった……。

　子どもの頃からブドウが大の苦手で、お酒が飲める年になってもワインには近付かないようにしていたのだ。そんな私が、奇しくも嫌いだったワインを扱う輸入会社に入社することになり、腹をくくってワインを学ぶ覚悟を決めた。

　最初は何を学べば良いかも分からず、ラベルを見てもチンプンカンプン。専門用語もほとんど理解できなかった。

　しかし、仕事のため……と世界各国のワインを飲んでいくうちに、本当に「おいしい！」と思えるワインと運命的に出会った。これまでのワイン観がガラッと変わった瞬間だ。

　ありがたいことに造り手と接する機会にも恵まれ、ワインごとに個性があり、産地によって味が全く異なるなど、少しずつワインのことを理解することができるようになった。そして気付けば、その魅力にどっぷりとはまっていた。

　ワインは小難しい専門知識やウンチクを知らなくても楽しめる。

　ただ、少しでもワインについて知っていたら、その面白さは何倍にも広がるのだ。

　そこで、「ワインの知識がなくても読みやすい本があったらいいのに」と考えた。

　ネックに感じていたのが、"ワイン語"。ワインの世界では、生産者

やソムリエなどの業界人やワイン通など、言ってみれば"ワイン国の住人"にしか理解できない異国語があふれていた。そのため、何となく「取っ付きにくい」「難しいお酒」「敷居が高い」などというイメージが付き、ワインの面白さが伝わりづらくなっているのだと思う。

　しかし、ワインはビールや日本酒のように、誰もが日常的に楽しめる身近な存在だ。

　本書では、"ワイン語の翻訳者"として、難解と思われがちなワインの世界を分かりやすく解説。好みのワインの選び方や料理との組み合わせ方、音楽や映画と一緒に味わうユニークなペアリングなど、さまざまな楽しみ方を紹介している。味や色味、香りなど、五感を刺激してくれるワインを、気に入った方法で自由に楽しんでみてほしい。

　ワインは食生活を豊かにし、人との出会いを演出し、知的好奇心を満たしてくれる。そんなワインのある人生の素晴らしさを、本書で少しでもお伝えできれば幸いだ。苦手と思っていたワインが、気軽な友人のような存在になってくれたらこれ以上嬉しいことはない。

　さあ、「気軽に一杯！」なんて、リラックスした気分でページをめくってみよう。

　ワインの世界へようこそ！

ワインプロデューサー　大西 タカユキ

# CONTENTS

※価格は全て税込価格です。
また、掲載の価格は参考価格のため、
実際とは異なる場合があります。

## CHAPTER

# 1

ワインを知る

今さら聞けない

# ワインの
# 7不思議

「ワインってそもそも何？」「ブドウの品種って？」
レストランや酒販店、コンビニでも見かける
身近な存在なのに、奥が深くて
理解しきれない不思議なお酒。
そんな謎めいたワインを解き明かそう。

# ワインってそもそも何？

ワインの定義

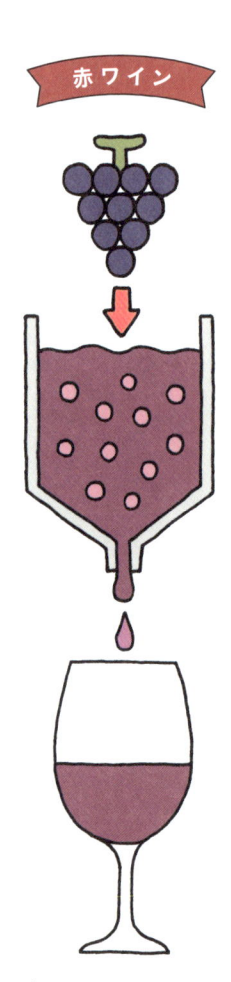

赤ワイン

黒ブドウから造られる赤い色味のワイン。果皮や種子を一緒に発酵させて色素を抽出しているほか、種子から引き出されたタンニンによる渋味を持つ。

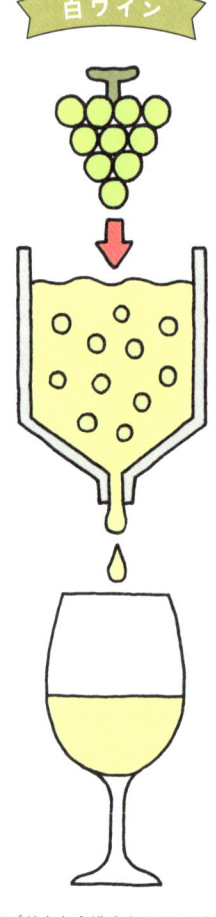

白ワイン

白ブドウから造られるこはく色や無色に近い色味のワイン。赤ワインと違い、果皮や種子を取り除いて果汁だけを発酵させて造るため、タンニンは少なめ。

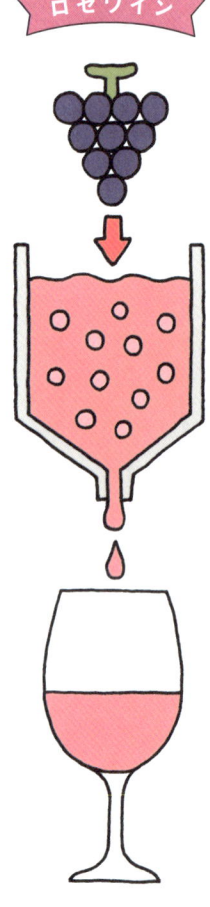

ロゼワイン

果皮から引き出す色味を醸造方法によって調整しているワイン。黒ブドウだけを原料にしたものもあれば、黒ブドウと白ブドウを合わせて使うワインもある。

# → ブドウ果実を発酵させた醸造酒のこと

ワインはビールや日本酒などと同じ醸造酒で、ブドウ果実をアルコール発酵させて造られる。ブドウ果実はそのままでも発酵できる糖分や水分、酵母を多く含み、醸造酒を造るときによく行われるデンプンの糖化や加水の必要がないのが特徴だ。また、蒸留の工程もないので、原料そのものの性質や味わいがワインにダイレクトに反映される。ワインにはいくつか種類があり、赤ワイン、白ワイン、ロゼワインは二酸化炭素（炭酸ガス）による発泡性がない「スティルワイン」と呼ばれるワインで、一般的にアルコール度数は9〜15％ほど。そのほか、醸造工程で二酸化炭素を溶け込ませる「スパークリングワイン」や、アルコールを添加して保存性を高めた「酒精強化ワイン（フォーティファイドワイン）」、薬草などを漬け込み独特の風味を加えた「フレーバードワイン」など、造り方によってワインの種類は多岐にわたる。

● ワイン用ブドウの特徴

1 糖度が高い

2 果実の粒が小さい

3 成分が凝縮している

【果梗】
ヘタや柄の部分。苦味や渋味を持ち、除去されることが多い。

【果皮】
タンニンや色素を含む。表面の果粉には酵母が存在する。

【種子】
タンニンを多く含み、赤ワインの骨格を造るのに不可欠。

【果肉】
一部の品種を除き、ほとんど無色。水分、糖分、酸などを含む。

● 酒類の分類

| 醸造酒 | 果実原料 **ワイン、シードル**　　穀物原料 **ビール、日本酒**<br>糖質やデンプン質を原料に、酵母の働きでアルコール発酵させたお酒。 |
| --- | --- |
| 蒸留酒 | 果実原料 **ブランデー**　　果実以外の原料 **ウイスキー、焼酎、ウオッカ、ジン、ラム**<br>醸造酒を蒸留して、アルコール度数を高めたお酒。 |
| 混成酒 | 醸造酒ベース **ベルモット**　　蒸留酒ベース **梅酒、リキュール類**<br>醸造酒や蒸留酒をベースに、薬草や果実、甘味料などを加えたお酒。 |

## 赤ワインの製造工程

最大の特徴は、黒ブドウの果汁を果皮や種子と共に発酵させること。これにより濃厚な色味が引き出される。

**赤**ワイン、白ワイン、ロゼワインは色こそ違うが、ブドウ果実を発酵させて造る「スティルワイン」の仲間だ。では、なぜ同じワインなのに色が違うのか。理由は大きく2つあり、1つはブドウ品種の違いによるもの。ワインに使用されるブドウ

ブドウのピュアな風味を生かすため果梗は除去！

表面に浮き上がった層は分厚くて重い！かなり力がいるよ〜

### 除梗・破砕
（じょこう・はさい）

醸造前にブドウの房から粒を外し、苦味のあるヘタや柄などの果梗を取り除く。その後、果汁を出すために、果皮ごとつぶす。ただしブルゴーニュでは、タンニンのあるストラクチャー（骨格）を保つため、あえて一部の果梗を残すワイナリーもある。

### 浸漬・櫂入れ
（しんし・かいいれ）

タンクの中で2〜3週間、ブドウの果実と果汁をじっくり漬け込み、果皮の色素を果汁に移す。このとき、表面に帽子のように浮き上がってくる果皮や果肉、種などの層を、色がしっかり移るように果汁の中に押し込む「櫂入れ」という作業を行う。

## → ブドウの品種と造り方で色が変わる

は黒ブドウと白ブドウの2種類あり、果皮に含まれる色素が果汁に移ることで色が生まれる。特に黒ブドウは品種によって濃淡が異なり、色味に変化が出やすい。2つ目の理由は醸造方法の違いだ。赤ワインは黒ブドウを果皮や種子ごとつぶすためより濃い色に、白ワインは白ブドウの果皮や種子を取り除いて果汁のみを発酵させるため淡い色味に仕上がる。また、ロゼワインの場合は黒ブドウのみ、もしくは黒ブドウと白ブドウを合わせて使うなど、醸造方法がさまざまなので、色の種類もより豊かになる。

**③**

発酵が進むほど
糖分が分解されて
辛口&高アルコールに

**④**

圧搾後の澱（おり）は、
後で蒸留して
ブランデーにすることも

### アルコール発酵

色付いた果汁に酵母を入れて発酵を促し、ブドウの糖分をアルコールに転化させる。果皮からは赤い色素のアントシアニンが、種子からは渋味成分のタンニンが溶け出す。発酵させる期間を調整することによって、色の濃淡の度合いや渋味のバランスを変えられる。

### 圧搾

圧力をかけながら液体と固形物を分離する作業。ここで搾り取られたワインは「プレスワイン」といい、タンニンや色素を多く含む。一方、加圧前に自然に流れ出るワインは、プレスしていないのでエグ味が出ず、洗練された味わいになるため良質なワインになる。

CHAPTER 1 （ ワインの7不思議 ）

赤ワインの製造工程のつづき

## ⑤

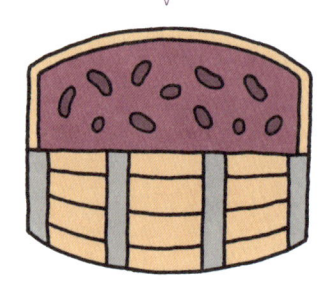

木の香りを付けるなら樽、
フレッシュに仕上げるなら
ステンレスタンクで寝かせる

### 熟成

ワインは2〜3週間かけて、タンクあるいは樽の中で熟成させ、アロマやストラクチャーを落ち着かせる。長期熟成タイプの場合、二次発酵の「マロラクティック発酵」により、ワインに含まれるリンゴ酸をまろやかな乳酸に変化させ、酸味を和らげることも。

## ⑥

酸化
防止剤

雑菌の繁殖を
防ぎ、美しい色も
キープする！

### 澱引き

タンクの底にたまった余分な沈殿物を除去してクリアにする。ここで酸化や腐敗を防ぐために、酸化防止剤として少量の亜硫酸塩を加えるのが一般的。亜硫酸塩は昔からワイン造りには不可欠なもので、デリケートなワインのうま味や香りを守ってくれる。

## ワイン造りの マメ 知識

### 1 アッサンブラージュ（調合）

アッサンブラージュとは、フランス語で「組み合わせる」という意味で、異なる品種、異なる区画、異なる収穫日のブドウで造ったワインをブレンドする作業のこと。ブドウごとに異なる成育や天候変化による影響などを考慮しながら、味わいに複雑さや独特の個性を生み、ワイナリーごとの理想の味わいに調整するのに役立つ。

**レ フォール ド ラトゥール**

フランスのボルドー五大シャトーの一つ「シャトー・ラトゥール」の一本。テイスティングしながら、ブレンドの比率を緻密に計算して造られている。

→ P197

たんぱく質の吸着剤には、卵白やゼラチンなどが使われる

瓶詰め直後はワインの状態が不安定……。静かに休ませてから出荷する場合も

## 清澄・ろ過

清澄剤（たんぱく質の吸着剤）を使って浮遊物を吸着させ、ワインの濁りを取る。さらに、ワインの透明度や輝きを保つために微生物や不純物をろ過。ただし、ワインの味わいに重要な成分まで取り除いてしまう恐れがあるので、近年では無ろ過のワインも少なくない。

## 瓶詰め

ワインは酸化を防ぐため、フィラー（注入機）でボトルに窒素ガスを流し込み、酸素を抜いてから注入される。その後、コルクやスクリューキャップで栓をし、キャップシールをかぶせてラベルを貼る。すぐに出荷する場合もあれば、瓶内でさらに熟成を進めるものも。

---

### 2 酒精強化ワイン

醸造工程中にブランデーやアルコールを添加して保存性を高めたワインの総称で、別名「フォーティファイドワイン」。通常、ワインのアルコール度数は酵母が働かなくなる15度辺りが限界値とされているが、酒精強化ワインは22度程度まで高められる。ポルトガルのポートワインやマデイラ、スペインのシェリーなどが有名。

**ポート プラス ファイン・ルビー**

約50種の土着品種をブレンドしたポートワイン。「ラガール」と呼ばれる桶を使い、人の足で踏むことで圧搾を行っている珍しい造り手。

> **DATA**
> ブドウ品種：伝統的な混植（約50種の土着品種）
> 生産地：ポルトガル・ドウロ・ポルト
> ワイナリー：プラス　アルコール度数：19.5%
> 価格：2,916円（750mL）
> 輸入元：モトックス ☎ 0120-344101

## 白ワインの製造工程

赤ワイン造りとの大きな違いは、ブドウの果皮と種子を取り除き、果汁だけを発酵させる点だ。

白ワインは、ブドウの皮や種を除いて絞り取った果汁だけで造られる。発酵時に果皮の色や渋味成分であるタンニンがワインに移らないので、赤ワインよりも口当たりが滑らか。また、白ワインは桃やリンゴに似たフルーティーな風味のものも

近年では、果梗ごと発酵させる「全房発酵」も注目されているよ

赤ワイン造りと大きく違うポイントはここ！

### 除梗・破砕

赤ワインと同様に、ブドウの果梗を取り除き、果皮が破ける程度に軽くつぶす。ただし白ワインの場合、果梗と一緒の方が果汁の通り道が確保されて搾りやすくなり、タンニンや酸をより多く引き出すことができるため、あえて除梗せずに圧搾する場合もある。

### 圧搾

白ワインは破砕直後に搾汁するのが一般的で、圧搾機にかけて果皮や種子を取り除き、果汁だけを使用することで、白ワイン独特の澄み切った色味を生み出す。風味豊かな白ワインにするため、圧搾の前に果皮と種を果汁に数時間漬け込む造り手もいる。

多いため、ワイン初心者やワインが苦手という人でも比較的飲みやすい傾向がある。酸味と甘みのバランスがよく、飲み頃の温度が10度前後と低めなので、キンと冷やしてすっきりとした飲み口を味わいたい。白ワインの中には木樽に移して長期熟成す

るタイプもあるが、赤ワインに比べるとその数は少ない。長期熟成にはブドウの果皮に含まれるタンニンやポリフェノールが不可欠なため、どうしても果皮や種子ごと漬け込んで造る赤ワインの方が優勢になってしまうからだ。

澱をしっかり除去すればキメの細かいクリアなワインに仕上がる

## 沈殿

不純物が残っているとワインの状態が不安定になり、味を損なう場合がある。そのため、集めた果汁をタンクに入れたらしばらく置いて、細かい澱を底に沈殿させて取り除く。ここでしっかり沈殿させることで、一定の品質を保つことができる。

甘口と辛口、どちらになるかはここで決まる！

## アルコール発酵

ブドウの糖分が全てアルコールになるまで発酵を進めれば辛口に、途中で酵母の活動を抑えると糖分が残って甘口になる。また、白ワインの発酵温度は通常15〜23度だが、フルーティーな味わいを保つために、12〜17度の低温発酵で造られる場合もある。

**5**

爽やかな早飲みver.

コクのある長期熟成ver.

### 熟成 Ⓐ

フレッシュな早飲みタイプに仕上げる場合は、風味やバランスを安定させるために、ワインを「ステンレスタンク」に移してしばらく寝かせる。酵母を残したまま、澱の上で熟成させる方法を用いる場合もあれば、澱引きして酵母を取り除いて熟成するものもある。

### 熟成 Ⓑ

コクのある長期熟成タイプに仕上げる場合は、ワインを「樽」に移して二次発酵（マロラクティック発酵）させる。発酵が長期にわたる場合は、定期的に櫂棒でかき混ぜて、樽材がもつ香味をワインに移してよりふくらみのある味わいに育てる。

## ワイン造りの マ メ 知識

### 3 シュール・リー

シュール・リーとは、フランス語で「澱の上」という意味。フランスのロワール地方で古くから利用されている醸造方法で、その名の通り発酵後に澱引きをせず、長時間澱とともに熟成させる。空気と触れる機会が減ることで酸化を防げるほか、ブドウ本来のうま味成分や複雑味を最大限抽出できる。

**甲州 テロワール・セレクション
祝**

1937年創業の老舗ワイナリーが造る白ワイン。シュール・リー製法を採用し、熟した桃のような甘みとまろやかな味わいに仕上げている。

→ P206

**⑥** 雑菌の繁殖を防ぐため亜硫酸塩を投入

酸化防止剤

## 沈殿・澱引き

熟成後は静かに置いて酵母や不純物などの澱をタンクの底に沈殿させる。ワインの透明度と輝きを高めるために、澱は遠心分離やろ過などで除去するのが一般的。特に白ワインに含まれている酒石酸は低温状態では結晶化しやすいので、瓶詰め前にろ過する。

**⑦** 香りと味がしっかり落ち着いてからリリースする

## 瓶詰め

瓶詰めされたばかりのワインは激しく撹拌されているため、風味やバランスが不安定になってしまう「ボトルショック」という状態になりやすい。そこで、瓶詰め後はしばらく温度管理された倉庫で静かに寝かせ、落ち着いたところで出荷される。

---

**4　無ろ過ワイン**

醸造工程の一つであるろ過を行わずに造られたワインのこと。本来除去されるはずの酵母や酒石酸などの澱を残すことで、ブドウの味わいをストレートに感じられるほか、フレッシュな果実の風味やまろやかさがワインを味わい深いものに変えてくれる。ただし不純物が含まれるため状態が安定しづらく、品質管理は難しい。

**クリスチャン・ビネール ゲヴュルツトラミネール**

無ろ過、亜硫酸無添加で造られた白ワイン。ライチのような華やかな香りがグラスいっぱいに広がり、ハチミツのような濃密な甘みを堪能できる。

→ **P211**

ロゼワインの一番の魅力とも言える美しい色合いは、醸造方法や造り手の裁量によって変わる。造り方は主に、黒ブドウをプレスして皮ごと発酵させる方法と、白ワインのように圧搾したら果汁だけを集めて発酵させる方法と大きく2タイプがあ

**1**

ロゼワインの華やかなピンク色は黒ブドウから生まれる!

### 除梗・破砕

ブドウから果梗を取り除き、果汁が出やすいように果皮ごと軽くつぶす。通常は黒ブドウのみを使用するが、白ブドウも一緒に使用する「混醸法」で造っているワイナリーもある。直接圧搾法によってブドウをプレスする場合は、破砕は省略されることが多い。

**2**

果皮との接触が少ないので、タンニン控えめで爽やかな味に

### Ⓐ 直接圧搾法

黒ブドウを使って白ワインと同じように造るのが「直接圧搾法」。破砕・圧搾するときに、果皮から移る色素によってほんのり色づく。一般的には、圧搾機で段階的に圧力をかけて色味をコントロールし、搾り取った果汁のみを使ってワインを造る。

る。中には、黒ブドウと白ブドウを混合して赤ワインと同様に造る「混醸法」を用いる造り手もいて、造り方は比較的自由だ。ただし、赤ワインと白ワインを混ぜてロゼワインを造る方法はEUでは禁じられている（唯一シャンパーニュだけは、"ロゼのシャンパーニュ"として認められている）。爽やかな味わいのものが多く、一般的に春から夏にかけての暖かい時期に楽しまれる。近年では日本でも人気が高まっていて、ワイン初心者でも手が伸びやすい手頃な価格帯も魅力だ。

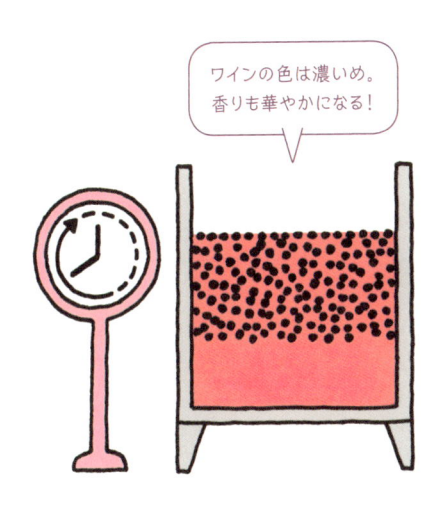

## Ⓑ セニエ法

「セニエ法」とは、赤ワインと同じように果汁に果皮や種子を漬け込んだままアルコール発酵させる方法のこと。通常は8〜24時間漬け込み、ほど良く色づいたところで圧搾して果皮や種子を取り除く。この後、さらに果汁のみを発酵させる。

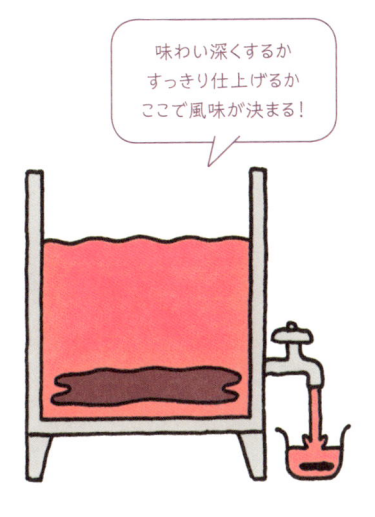

## 沈殿

タンクでしばらく静かに置き、ワインの中に浮遊する酵母や酒石酸、たんぱくなどの不純物を底に沈殿させて取り除く。この作業を行うことで、ワインの香りがよりはっきりしたものに変わり、色調もより洗練された美しいピンク色になる。

ロゼワインの**製造工程**のつづき

**4**

白ワインのように
ロゼにも甘口・辛口がある

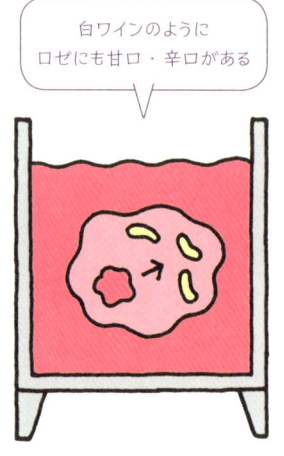

## アルコール発酵

酵母が糖分をアルコールに変えていき、ワインの味わいや全体のバランスが形作られる。造り手はイメージする味に合わせて10〜30日かけて発酵。発酵の期間が短いほどワインの中に糖分が多く残るため甘口に、時間をかけるほど辛口のワインに仕上がる。

**5**

夏のバカンスに向けて
春に出荷することが多い！

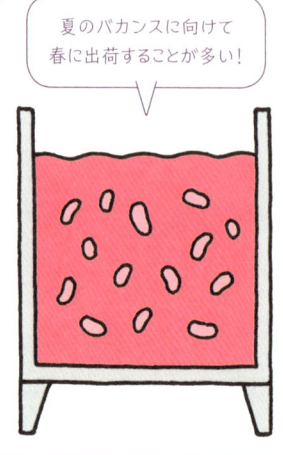

## 熟成・瓶詰め

ロゼの場合、木樽熟成やマロラクティック発酵が行われることはあまりない。味わいを落ち着かせるために、タンクで数週間ほど寝かせ、瓶詰めする前に必要に応じて酸化防止剤（亜硫酸塩）の添加やアッサンブラージュ（調合）、清澄、ろ過などの作業を行う。

## ワイン造りの マメ 知識

### 5 フレーバードワイン

フレーバードワインとは、薬草や果実を漬け込んだり、甘味料やハーブの蒸留酒を加えたりして風味付けしたワインのこと。お酒の種類としては「混成酒」に当てはまる。食前酒やカクテルとして広く親しまれ、赤ワインに果実を加えたサングリアや、白ワインに薬草の風味を加えたイタリアのベルモットなどがある。

**ベニアカネ**

白ワインと梅果汁、国産ブドウジュースを絶妙な割合でブレンドしたユニークなフレーバードワイン。果実由来の甘酸っぱい味わいが魅力だ。

→ P203

| おまけ | オレンジワインの製造工程 | 白ブドウで造るオレンジ色のワイン。かんきつ類から造られるわけではない。タンクや樽のほか、伝統的な壺（アンフォラ）で醸造するワイナリーもある。 |

**①**

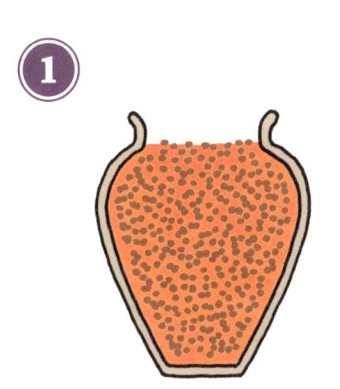

### 浸漬

除梗と破砕を行った後、果汁を果皮や種子と一緒に漬け込む。浸漬の期間は3〜4週間、長いと数ヵ月間かける場合もある。

**②**

タンニンやアロマは、果皮を押し込むほど豊かになる！

### 櫂入れ

浸漬の途中で、色素がしっかり果汁に移るように、表面に浮かんだ果皮や種子を下までしっかり押し込む。

**③**

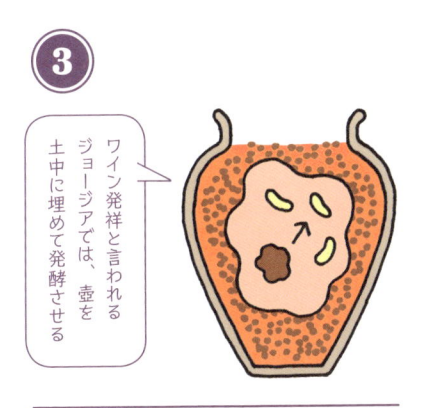

ワイン発祥と言われるジョージアでは、壺を土中に埋めて発酵させる

### アルコール発酵

浸漬の間、酵母が糖分をアルコールに転化してワインに変えてくれる。発酵の途中で酸素に触れないように密閉する場合も。

**④**

### 瓶詰め

ワインから果皮を除去し、瓶詰めする。場合によっては、瓶詰め前にタンクや樽、壺の中でしばらく熟成させることもある。

## スパークリングワインの製造工程

瓶内で二次発酵させることで、発泡性のワインが生まれる。今回はシャンパーニュの造り方を紹介。

### 圧搾

除梗・破砕はせず、ブドウを房ごと圧搾機にかけて果汁のみを集める。通常は、品種や畑ごとに圧搾を行う。

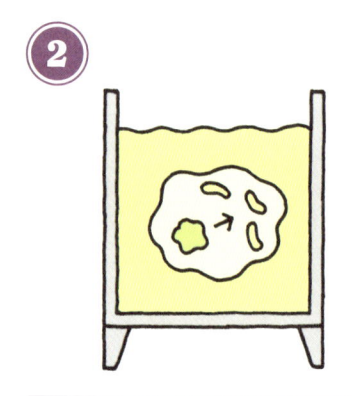

### アルコール発酵

シャンパーニュのベースとなるスティルワインを造る。タンクで発酵させると辛口に、木樽だとコクのある味わいになる。

造り手によっては100以上ものワインを調合することも！

### アッサンブラージュ

一定の味わいを保持するため、ベースとなる複数の品種や収穫年のスティルワインをブレンド。これをノンヴィンテージと呼ぶ。

### 瓶詰め・リキュール添加

ブレンドしたワインにリキュール（糖液と酵母）を添加し、シャンパーニュの要となる気圧を調節。仮の口金で栓をする。

長期熟成する場合は、王冠ではなくコルク栓を使うことが多い

**瓶内二次発酵**

瓶内で酵母が糖分を分解し、二次発酵が始まる。密閉することで炭酸ガスがワインの中に溶け込み、発泡性のワインに変わる。

現在は機械化が進み、手作業での動瓶は減りつつある

**熟成・動瓶**

瓶内で最低15ヵ月以上熟成。熟成後に澱を除去しやすくするため、毎日瓶を回転させながら徐々に角度を変えて倒立させる。

**澱抜き**

瓶口を冷凍液に浸けて、凍らせてから栓を抜く。すると、ガス圧で凍った澱が飛び出して効率良く取り除くことができる。

添加するリキュールはワインの原液に糖分を加えたもの

**補酒・打栓**

澱抜き後は非常に辛口なので、リキュールを添加して甘さを調整することが多い。補酒後は栓を打ち、ワイヤーで固定する。

CHAPTER 1 （ワインの7不思議）

025

# ワインに使われるブドウは
# どんな種類があるの？

CABERNET SAUVIGNON

【 赤ワイン 】

## カベルネ・ソーヴィニヨン

### どんな役目もきっちりこなす
### パワフルボディのマルチタレント

"黒ブドウの王様" とも呼ばれ、赤ワイン用の
ブドウとして最も有名な品種。たくましいボディとしっかりとした骨格を持ち、育つ場所によって多彩な一面を見せる。また、他の品種と比べて色が濃く、タンニンも多いため、長期間熟成することによって豊かな香りと複雑味が加わる。代表的な銘醸地の一つであるフランスのボルドーでは、酸味のインパクトが強い超高級ワインになる一方、カリフォルニアでは果実味がストレートに伝わる飲みやすいワインになる。

### PROFILE

▶ 味： 渋味、果実味が強く、余韻が後引く。熟成することにより、タンニンの渋味と酸味のバランスが良い深みのある味わいになる。

▶ 香り： インク、ヒマラヤ杉、カシス、コショウなど、華やかな香りが多い。

▶ 主な産地： フランス（ボルドー）／アメリカ（カリフォルニア〈ナパ、ソノマ〉）／オーストラリア／チリ／アルゼンチン／南アフリカなど

## ワインに使われる主要品種は約100種類！まずは、メジャーな6種を覚えよう

**MERLOT**

【赤ワイン】

# メルロ

### 主役を引き立て、ときに好敵手に！包容力抜群のバイプレイヤー

"ビロードのような舌触り"とも称される滑らかさが魅力。果粒が大きく皮は薄いため、色の濃さに反してタンニンがきめ細かく、まろやかなワインに仕上がる。また、糖分を多く生成するので、アルコールが豊かな柔らかい味わいになる。カベルネ・ソーヴィニヨンとブレンドされることが多く、酸味やタンニンによる渋味を柔らかくして、熟成を早める効果も。冷涼で湿度が高い気候でも育ち、栽培面積では常に1位を争うほど世界的に広く栽培されている。

**PROFILE** ―――――

▶ 味： ふくよかなボディと滑らかな口当たり。渋味は柔らかく、果実味豊かでコクのあるまろやかな味わいが広がる。

▶ 香り： プラムやダークチェリーなどの赤黒い果実香。熟成すると腐葉土やキノコのような香り。

▶ 主な産地： フランス／イタリア／チリ／アメリカ／日本（長野）など

**PINOT NOIR**

【 赤ワイン 】

# ピノ・ノワール

## 官能的なのに実は繊細……。
## 孤高のトップモデル

最大の魅力は、優しくも複雑に重なる豊満な香り。イチゴやチェリーなど赤みを帯びた果実の香りは、熟成によって枯葉やジビエなどの官能的な印象に深化する。タンニンは少なめで酸味が強く、エレガントな味わい。ただし、ブドウの果皮が薄く繊細なため、カビに弱く、栽培が困難と言われる。また、わずかな気候の変動にも敏感で、産地の個性が味に反映されやすく、当たり外れも大きい。だが当たれば、「ロマネ・コンティ」などの最高級ワインを生むことも。

### PROFILE

▶ 味： 口当たりは穏やかでソフトなタッチ。果実味が豊かな一方、酸味が強くドライな印象に。

▶ 香り： イチゴやチェリーなどのフルーティーな香りにミネラルのニュアンス。熟成によりなめし皮やジビエのような香りに。

▶ 主な産地： フランス（ブルゴーニュ、アルザス）／アメリカ（オレゴン）／ニュージーランド／オーストラリアなど

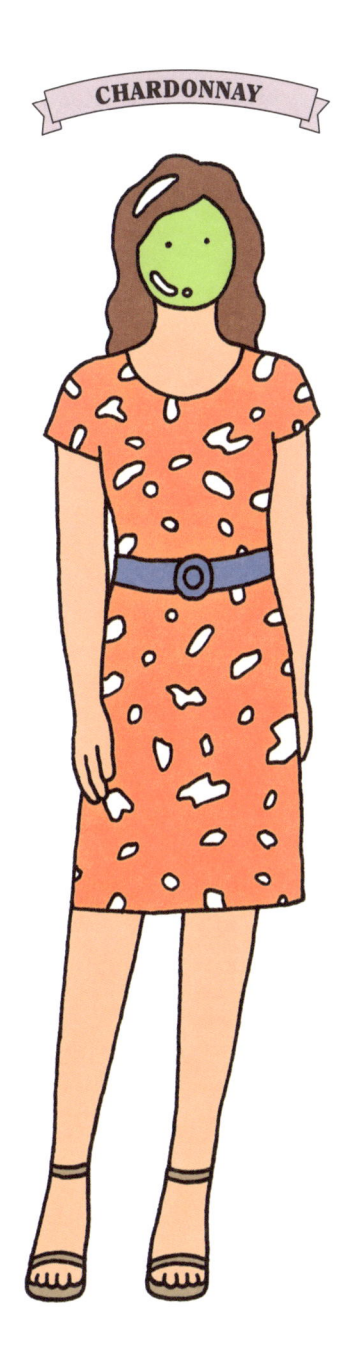

CHARDONNAY

【白ワイン】

# シャルドネ

## 変幻自在に個性を変える
## 世界的スーパーアイドル

フランス原産の品種で、白ブドウの中では
トップの人気を誇る。気候や土壌によって
さまざまなフレーバーに変わるとあって世
界中で栽培されており、フランスのブルゴ
ーニュでは最高の辛口白ワインを生み出す
ことで有名。冷涼な産地だと青リンゴやラ
イムなどのフレッシュな味わいに、温暖な
産地で樽を使って醸造するとトロピカルフ
ルーツのようなリッチな味わいに化ける。
病害やカビに強く、秋の寒さがやって来る
前に収穫できる早生品種の一つでもある。

### PROFILE

▶ 味： 果実味豊かで酸味は比較的柔らか。
アルコールは強めで、フルーティーな
風味とミネラル感が口いっぱいに広がる。

▶ 香り： 青リンゴやかんきつ類などのフレーバ
ーに富む。樽を使用したワインは、バ
ニラやトーストのような香りを感じられる。

▶ 主な産地： フランス（ブルゴーニュ）／アメリカ（カ
リフォルニア）／チリ／オーストラリア
／日本（長野）など

SAUVIGNON BLANC

【白ワイン】

# ソーヴィニヨン・ブラン

## 透明感と爽やかさを兼ね備えた ナチュラルクールな若手女優

ライムやレモンなどのかんきつ類の香りに、ハーブのニュアンスが加わった独特のアロマが特徴。フランスのボルドーやロワールでは白ブドウの主要品種として栽培されているほか、ニュージーランドでも作付面積が大幅に増えており、シャルドネに次ぐ人気品種となっている。酸味が強めのフレッシュな味わいで、ブドウの成熟度が高くなると果実味が上がる。色は透明感のある緑がかった黄色だが、熟成することで濃い黄色になり、まったりした余韻が加わる。

## PROFILE

▶ 味： シャープな酸味と爽やかな後味。冷涼地ではハーブのフレーバーが強く、温暖な産地では果実味が豊かになる。

▶ 香り： 青草やハーブ、ライムやレモンなどの清涼感たっぷりの香り。温暖な産地ではトロピカルフルーツのような香りも。

▶ 主な産地： フランス（ボルドー、ロワール）／イタリア／オーストラリア／ニュージーランドなど

RIESLING

【白ワイン】

# リースリング

## 辛口なギャップも魅力！
## 甘いマスクの個性派アーティスト

ハチミツや白い花、リンゴなどを連想させる甘美なアロマを放ち、ピュアな酸味とバランスのとれた甘みで多くの人を魅了する。銘醸地のドイツでは、貴腐ワインやアイスワインなどの甘口ワインに使われることが多く、糖度が高いほど品質の格が上がる。近年では、フランスのアルザスなどでシャープな辛口タイプに仕上げたワインも登場し、新たなファンを創出している。長期熟成にも耐えられる豊かな酸を持つ品種で、ポテンシャルの高さがうかがえる。

### PROFILE

▶ 味： シャープな酸味を感じられる。辛口だとタイトで鋭く酸味が立ち、甘口だとフルーティーで甘酸っぱい印象に。

▶ 香り： レモンやグレープフルーツ、青リンゴ、洋ナシなどのフルーツの香り。土壌や気候によっては、ミネラルの香りが増す。

▶ 主な産地： フランス（アルザス）／ドイツ／オーストラリアなど

# ついでに覚えておきたい
# 12品種のブドウ

**代**表的な6つのブドウ品種を覚えたら、ワインの基本は押さえたも同然。しかし、ブドウ品種は知っている数が多いほどワインの楽しみ方が広がり面白くなる。世界中

**赤**

### 1 カベルネ・フラン

フランスのボルドー原産。軽やかなボディとハーブや土っぽい香りが特徴で、酸味を中心としたしなやかな渋味を感じられる。主にカベルネ・ソーヴィニヨンやメルロとブレンドされることが多く、スムーズな口当たりに定評がある。

### 2 テンプラニーリョ

スペインを代表するブドウ品種で、同国の高級ワインの骨格をなす。クランベリーやダークチェリーの香りがし、樽熟成によってチョコレートやなめし皮のような香りをともなう場合も。かすかな酸味とまろやかな口当たりが魅力。

### 3 サンジョヴェーゼ

イタリア全土で愛される品種で、「キャンティ」などに使われる。濃いルビー色でしっかりした骨格とボディを持ち、完熟しても酸味が強くドライな味わい。フルーティーな果実香と、香辛料のようなスパイシーな香りを併せ持つ。

### 4 シラー（シラーズ）

温暖で乾燥した気候を好む。オーストラリアでは「シラーズ」と呼ばれ、凝縮感のあるパワフルな味わいが特徴。ローヌではスミレや皮革の香りがする一方、オーストラリアではプルーンやビターチョコレートのような風味を楽しめる。

### 5 ジンファンデル

カリフォルニアで栽培されている主要品種。アルコール度数が高く、濃厚な果実味とスパイシーな後味でインパクトがある。プラムやカシスリキュールのような華やかな香りも魅力。ロゼにすると甘口になり、驚くほど優しい印象になる。

### 6 マスカット・ベーリーA

新潟の栽培家である川上善兵衛が、1927年にベリー種にマスカット・ハンブルグを交配した日本の固有種。病気に強く、湿潤な日本にも適応できる。イチゴキャンディーのような甘くフルーティーな香りと軽やかな味わいで親しみやすい。

でワイン用に育てられているブドウ品種はおよそ1,000種類あり、その中でも主要な品種は100種類ほど。全てを覚えるのはほぼ不可能だが、日本で流通している品種はある程度限られているので全部押さえなくてもOK。以下の12品種は世界中で栽培されている王道の国際品種や、国内で手に入りやすい品種なので、身近で覚えやすいはずだ。

**白**

### 7 ピノ・グリ

ピノ・ノワールの突然変異で生まれた品種で、イタリアでは「ピノ・グリージョ」と呼ばれる。フランスのアルザスでは豊かなボディに、イタリアでは軽やかな味わいに変わる。ハチミツのような香りとシャープな酸味が特徴。

### 8 セミヨン

甘口ワインの原料に欠かせない品種。香りや酸味は控えめなものの豊かなボディを持ち、辛口でも甘口でもしっかりとした味わいに仕上がる。個性的な香りと酸味を持つソーヴィニヨン・ブランとブレンドされることが多い。

### 9 ゲヴュルツトラミネール

ライチやパイナップルなど、香りだけで判別できるほどのはっきりした個性を持つ。酸味は少なく、ほんのり苦味を感じる。どっしりとした口当たりで、豊満でコクのある味わい。極甘口のデザートワインや、早飲みタイプが多い。

### 10 ミュスカ

みずみずしく爽やかな酸味とフルーティーな味わいが特徴で、甘口ワインに使われることがほとんど。強いムスク、マスカットやメロンのような甘い香りを放ち、甘口ワインや弱発泡性ワインなど軽やかなワインを生む。

### 11 シュナン・ブラン

長期熟成可能な完熟の甘口ワインと、酸味の強い早飲み用の辛口ワインの二面性を持つ。ハチミツのような甘い花の香りが特徴的で、酸のレベルも高い。熟成することで、まったりとした甘みを余韻に感じることができる。

### 12 甲州

元は食用として育てられていた、1,000年以上の歴史がある日本の代表的な品種。青草やメロンのような香りとほのかな酸味で、飲みやすい軽やかなワインに仕上がる。果皮が赤紫色で、果汁に浸す時間が長いとうっすら赤みが付く。

# ワインの味は何で決まるの？

味わいの基本要素

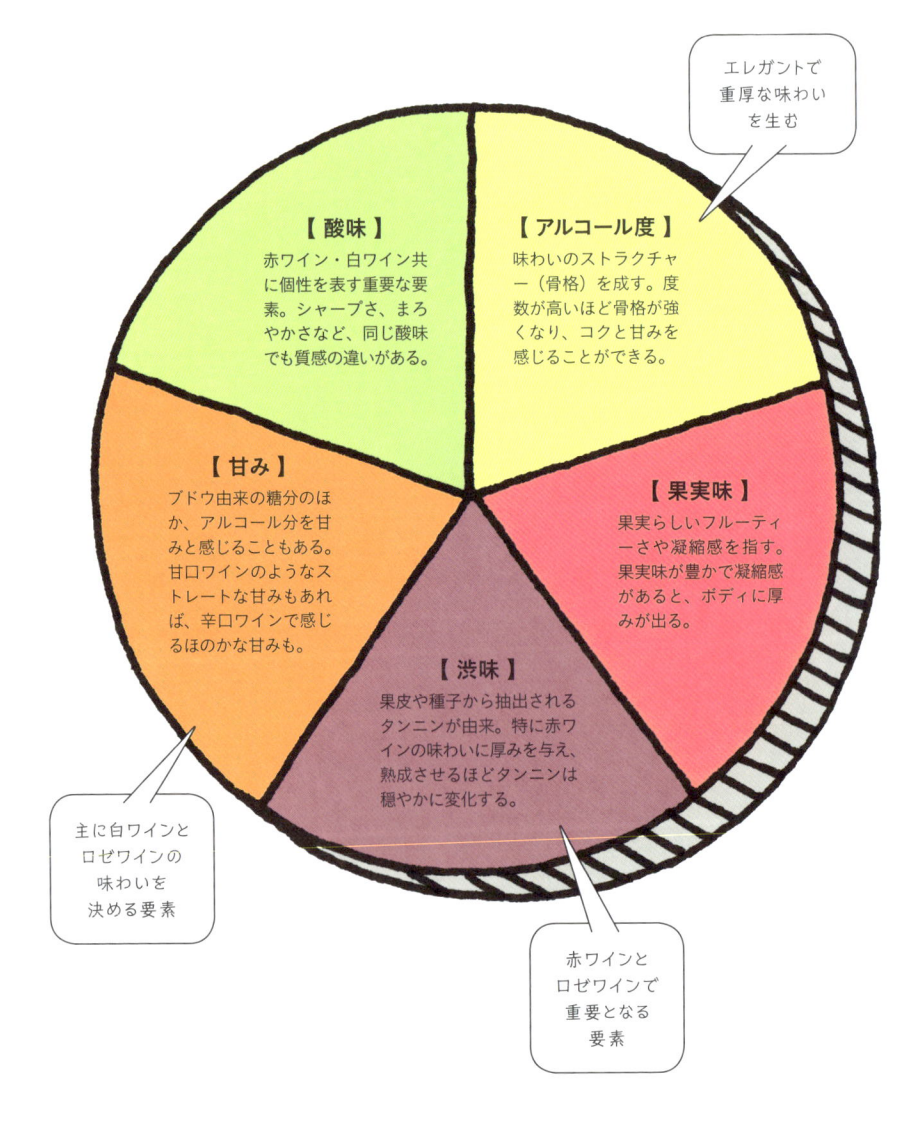

エレガントで
重厚な味わい
を生む

【酸味】
赤ワイン・白ワイン共
に個性を表す重要な要
素。シャープさ、まろ
やかさなど、同じ酸味
でも質感の違いがある。

【アルコール度】
味わいのストラクチャ
ー（骨格）を成す。度
数が高いほど骨格が強
くなり、コクと甘みを
感じることができる。

【甘み】
ブドウ由来の糖分のほ
か、アルコール分を甘
みと感じることもある。
甘口ワインのようなス
トレートな甘みもあれ
ば、辛口ワインで感じ
るほのかな甘みも。

【果実味】
果実らしいフルーティ
ーさや凝縮感を指す。
果実味が豊かで凝縮感
があると、ボディに厚
みが出る。

【渋味】
果皮や種子から抽出される
タンニンが由来。特に赤ワ
インの味わいに厚みを与え、
熟成させるほどタンニンは
穏やかに変化する。

主に白ワインと
ロゼワインの
味わいを
決める要素

赤ワインと
ロゼワインで
重要となる
要素

# 5つの基本要素とバランスで ワインの味と個性が決まる！

ワインの味わいを大きく決めるのは、酸味、甘み、渋味、果実味、アルコール度の5つの要素。各要素が合わさった総体の大きさを「ボディ」と呼び、全体の大きさが大きければ飲みごたえのあるフルボディ、中程度ならミディアムボディ、小さいとライトボディと表現される。赤ワインと白ワインで個性を決定づける要素はそれぞれ異なり、赤ワインの場合、タンニン由来の渋味が味わいの印象を左右することが多い。また、タンニンの粒子が細かいほど口当たりは滑らかになり、粗いほど口の中がざらついて収斂（しゅうれん）（口の中が引き締まるような感覚）しやすくなる。一方、白ワインはタンニンが少ないので渋味はほとんど感じられず、酸味と甘みが味の決め手となる。酸味が強いとシャープな味わいに、甘みが少ないとドライな辛口に感じられる。ただし、辛口ワインでも果実味やアルコール度が強いと甘く感じることもある。

## ◉ 赤ワインの特徴

タンニン由来の強い渋味や複雑味を感じられるのが大きな特徴。アルコール度数は高めで、口当たりにエレガントな重厚感を感じられる。どっしりと重たい味わいだが、長期熟成をすることでタンニンの角が取れて、ソフトな印象に変わる。原料の黒ブドウには、抗酸化物質であるポリフェノールが多く含まれている。

**フルボディ**
タンニンが強く、渋味がしっかりしていて飲みごたえがある。

**ミディアムボディ**
渋味やコクのバランスがちょうど良く、シーンを選ばず楽しめる。

**ライトボディ**
渋味やコクが軽やかで、テーブルワインに多く見られる。

## ◉ 白ワインの特徴

淡い色味の白ブドウ品種から造られ、若いワインほど色が薄く、熟成するほど色が濃くなる。赤ワインと違い、果皮や種子を果汁に漬け込まずに醸造されるため、タンニンが少なくすっきりとした口当たりになる。ブドウの完熟度によって甘口から辛口まで味わいが変化し、フルーティーなフレーバーを楽しめる。

**極甘口・甘口**
熟度が極めて高い状態で収穫したブドウを使用。デザートワインに最適。

**中辛口**
ブドウが持つ酸味や果実味のバランスがちょうど良く、飲みやすい。

**辛口**
甘みが少なく、キリッと爽やかな味わいの白ワイン。

# ワインの香りって どんな種類があるの？

香りはワインの特徴や熟成度を知り、味わいを高めるためにも欠かせない要素。ワインの香りは「アロマ」と呼ばれ、その中でも分かりやすいのが、ブドウ本来の香りがワインに現れる「第一アロマ」。

カシスやベリー、レモンといった果実の香り、青々とした森の下草、バラやハチミツのような植物や花の香りなど、比較的シンプルで想像しやすい香りがする。また、ワインを熟成させることで生まれる特別な香

## 赤ワインの香りの種類

| 果実系 | 植物系 | 花系 |
|---|---|---|

【 カシス 】

【 森の下草 】

【 バラ 】

【 フランボワーズ 】

【 キノコ 】

【 スミレ 】

甘みと酸味が感じられるフルーティーな香り。赤ワインには、カシスやフランボワーズ、イチゴなど、ベリー系の香りが多く、熟成によって香りがより強く感じられるようになるものも。

草や野菜の香りは、若々しい赤ワインで表現されることが多い。熟成させることで、枯れ葉の香りが感じられることも。また瓶内熟成を経た赤ワインは、キノコのように土をイメージさせる香りが広がる。

若い赤ワインほど、バラやスミレなどの華やかな香りを帯びる。フローラルの香りが強い赤ワインを熟成させると、フレッシュな香りからドライフラワーやポプリのような香りに変化する。

**ジョルジュ デュブッフ サンタムール**
アプリコットや桃など熟した果実のような甘く優しい香り。

→ P205

**パヴィヨン・ルージュ・デュ・シャトー・マルゴー**
グラスを回すと、枯れ葉やキノコのような森の香りが立ち上る。

→ P198

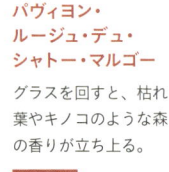

**アロモ カベルネソービニヨン**
スミレのような可憐で華やかなフローラルの香りが魅力。

→ P190

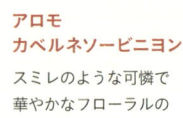

# 果実、植物、花、動物……
# ワインの香りは100種類以上もある！

りのことを「ブーケ」と呼ぶ。こちらはジビエなどの動物的な香り、鉱物や石油のようなミネラル香、コーヒーやキャラメルを彷彿とさせる香ばしい香りなど、ブドウからおよそ感じるとは思えない複雑な香りが特徴。人によって香りの捉え方はさまざまだが、表現のバリエーションをある程度覚えておくとワインの個性はグッと理解しやすくなる。まずは、基本となる6つのカテゴリーを覚えてみよう。

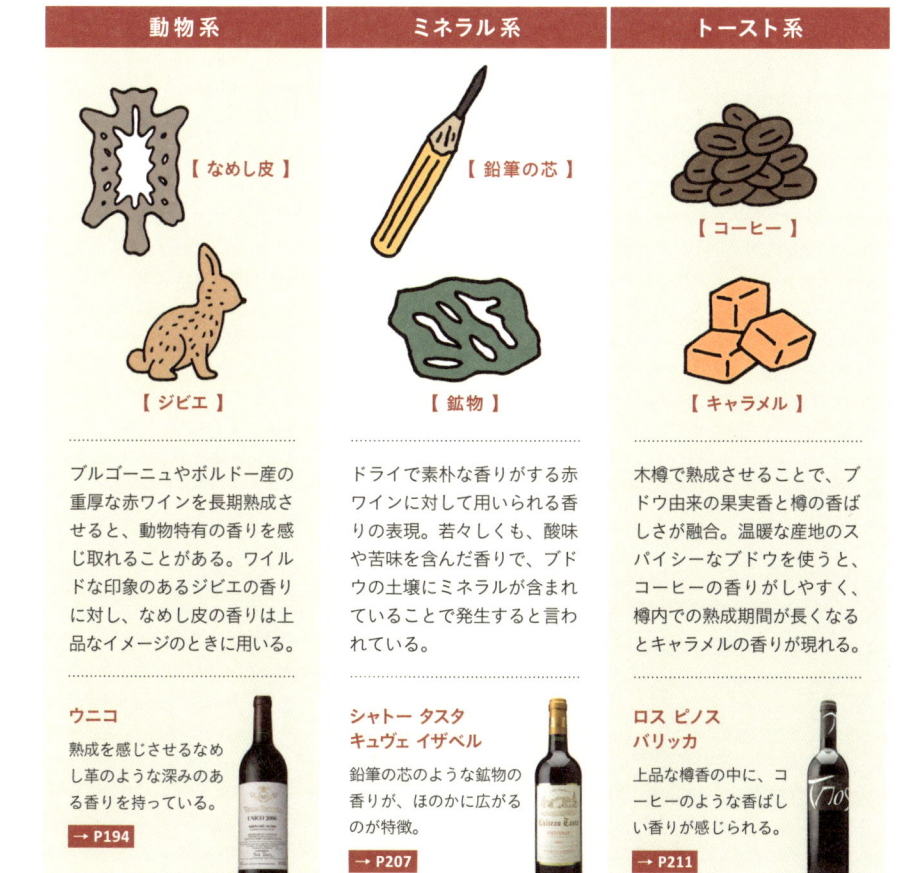

## 動物系

【 なめし皮 】

【 ジビエ 】

ブルゴーニュやボルドー産の重厚な赤ワインを長期熟成させると、動物特有の香りを感じ取れることがある。ワイルドな印象のあるジビエの香りに対し、なめし皮の香りは上品なイメージのときに用いる。

### ウニコ

熟成を感じさせるなめし革のような深みのある香りを持っている。

→ P194

## ミネラル系

【 鉛筆の芯 】

【 鉱物 】

ドライで素朴な香りがする赤ワインに対して用いられる香りの表現。若々しくも、酸味や苦味を含んだ香りで、ブドウの土壌にミネラルが含まれていることで発生すると言われている。

### シャトー タスタ
### キュヴェ イザベル

鉛筆の芯のような鉱物の香りが、ほのかに広がるのが特徴。

→ P207

## トースト系

【 コーヒー 】

【 キャラメル 】

木樽で熟成させることで、ブドウ由来の果実香と樽の香ばしさが融合。温暖な産地のスパイシーなブドウを使うと、コーヒーの香りがしやすく、樽内での熟成期間が長くなるとキャラメルの香りが現れる。

### ロス ピノス
### バリッカ

上品な樽香の中に、コーヒーのような香ばしい香りが感じられる。

→ P211

| 果実系 | 植物系 | 花系 |
| --- | --- | --- |

【 レモン 】

【 ハーブ 】

【 アカシア 】

【 桃 】

【 バニラ 】

【 ハチミツ 】

強い酸味をイメージさせるレモンやライムなどのかんきつ系の香りは、若い白ワインから感じることが多い。また白ワインの場合、ブドウが熟しているほど桃のような糖度の高いフルーツの香りが現れる。さらに甘みの強い香りには、桃のコンポートといった表現が用いられることも。

冷涼な産地で造られた白ワインの場合、ハーブやミントといった爽やかで青っぽい香りが感じられることが多い。また、樽発酵・樽熟成を経ると、甘くふくよかな香りに変化。フレンチオークの樽を使うとバニラ、アメリカンオークの樽を使った場合はココナツのような香りが現れやすい。

ほんのりとした甘さとフローラル系の香りは、白ワインの香りを表現するときに高い頻度で用いられる。リースリングやシュナン・ブランは、アカシアなどの白い花のニュアンスを含むことが多い。また、貴腐ブドウを使うと甘みに香ばしさが加わり、ハチミツのような香りになる。

### グリーンソングス アタマイ ソーヴィニヨンブラン

グレープフルーツのような爽やかな果実香が特徴。

→ P202

### 菊鹿シャルドネ

樽熟成による、ほのかに甘いバニラの香りが感じられる。

→ P213

### クレスマン ソーテルヌ ハーフ

ハチミツやドライフラワーのような濃密で甘い香りを持つ。

→ P207

| 動物系 | ミネラル系 | トースト系 |
|---|---|---|

【 じゃ香（ムスク）】

【 鉱物 】

【アーモンド 】

【 バター 】

【 石油 】

【 カラメル 】

香水のようなじゃ香は、芳香性が強く個性的。貴腐ワインなど甘口ワインから感じられることが多い。また、乳酸発酵と樽熟成を行った長期熟成タイプの白ワインの中には、バターのような乳製品特有の香りを持つものも。コクがあるまろやかな香りは、赤ワインで感じられることはほぼない。

鼻腔からスッと通り抜けていくような独特の感覚があり、香りに奥行きと伸びを感じられる。「ペトロール香」と呼ばれる石油のようなオイリーな香りは、リースリング特有の香りとして知られている。ミネラルの香りが強い白ワインの中には、鉱物や海を思わせる潮の香りがするものも。

樽熟成された白ワインは、樽から移る木の香りや焦げたような香りによって、アーモンドやくん製のようなスモーキーな香りを発することがある。また、瓶内熟成させたシャルドネやマロラクティック発酵によって酸味を和らげた白ワインからは、カラメルのような甘い香りが現れやすい。

**シャトー・ディケム**

バターやハチミツなど、貴腐ブドウ由来の甘美な香り。

→ P195

**グスタフ アドルフ シュミット ラインヘッセン リースリング Q.b.A. ブルーネコボトル**

リースリング由来の石油系のオイリーな香りが感じられる。

→ P219

**レア ヴィンヤーズ シャルドネ**

香ばしいカラメルの香りやアーモンドの香りを併せ持つ。

→ P190

# ワインっていつからあるの？

ワインの発祥は、今から8,000年以上前、現在のジョージア（グルジア）が位置するコーカサス山脈周辺のエリアと言われている。当時の遺跡から醸造に関する出土品が見つかっており、古くからワインが親しまれていたことが分かった。また紀元前58年頃には、ローマ皇帝ジュリアス・シーザーによるガリア遠征が契機となり、フランスにワイン造りが拡大。その後、キリスト教においてワインが"神から与えら

**History**

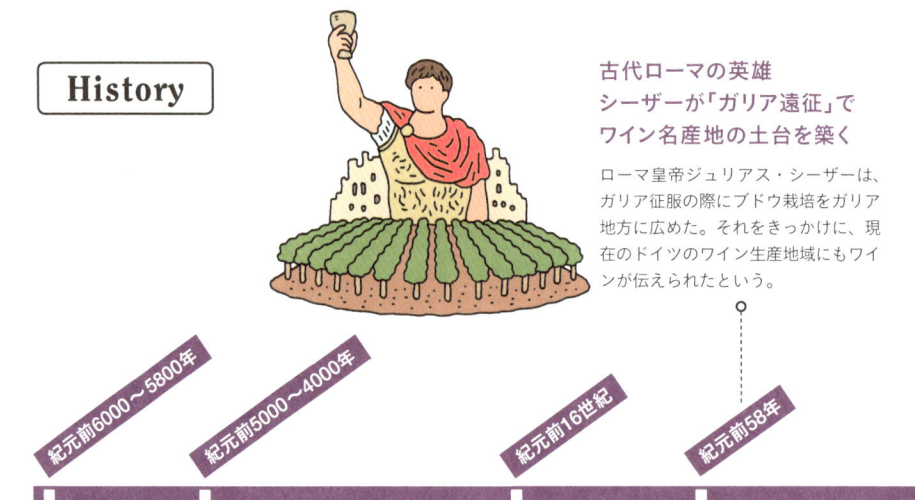

**古代ローマの英雄 シーザーが「ガリア遠征」で ワイン名産地の土台を築く**

ローマ皇帝ジュリアス・シーザーは、ガリア征服の際にブドウ栽培をガリア地方に広めた。それをきっかけに、現在のドイツのワイン生産地域にもワインが伝えられたという。

紀元前6000〜5800年　紀元前5000〜4000年　紀元前16世紀　紀元前58年

ギリシャで世界最古と言われる
足踏み式破砕器が誕生！

現在のジョージア
（グルジア）で、ワイン造りがスタート！

**最古の物語『ギルガメッシュ叙事詩』にも ワインが登場している**

『ギルガメッシュ叙事詩』（紀元前2000年頃）の中で、ウトナピシュティム（旧約聖書のノア）は王ギルガメッシュに「大洪水に備えて船を造らせたときに、船大工たちにワインを振る舞った」と語っている。

レオナルド・ダ・ヴィンチの絵画でも知られる「最後の晩餐」で、イエス・キリストが「パンは我が肉、ワインは我が血」という言葉を残した。これにより、ワインはキリスト教において重要な存在に。

# ワイン造りの歴史は、8,000年以上も前から始まっていた

れた神聖な飲み物"として重要な意味を持つようになり、修道院によってヨーロッパ全土へさらに伝播した。大航海時代を経てワインは世界中に広まり、アメリカやチリなどのワイン新興国が次々と登場。日本へ

本格的に入ってきたのは幕末から明治にかけてのことだ。当初はなかなか受け入れられなかったが、政府によるワインの生産推進や日本人の好みに合わせた甘味ワインの登場などにより急速に認知度が高まった。

1549年、ポルトガルの宣教師フランシスコ・ザビエルが鹿児島を訪れた際、薩摩の守護大名にワインを献上。これが日本で初めてのワインと言われている。

## 害虫「フィロキセラ」によってヨーロッパワインが消滅の危機に！

フィロキセラはブドウ樹に寄生する害虫の一種。品種改良のためにアメリカから仕入れたブドウ樹に寄生しており、抵抗力を持っていないヨーロッパのブドウ樹が次々と枯れて壊滅状態に。多くの歴史あるワイナリーが失われた。

15世紀　　19世紀　19世紀後半　　現代

## コロンブスの大航海によって北米大陸にワイン造りが広まる

コロンブスの大航海をきっかけに人々が移住し、ワイン造りのノウハウが北米大陸に伝播。当初は自生するブドウでワインが造られていたが、次第にヨーロッパの品種を持ち込んで栽培するようになった。

## 大久保利通がワイン生産を日本の一大産業として推進！

大久保利通はフランスを訪問した際、夕食時に気軽にワインを楽しむ豊かな文化に衝撃を受けた。帰国後、日本の殖産のために、西洋のブドウ苗を欧米から導入することでワインの生産を推進した。

# ワインはどこで造られているの？

ワインの原料であるブドウは生鮮果実なので、必然的にブドウの育ちやすい場所がワインの産地となる。ブドウ栽培に適した年間の平均気温は約10〜20度と言われており、地図で見ると北緯30〜50度、南緯20〜40度の地域にあたる。このエリアは「ワインベルト」と呼ばれ、フランスやイタリアなどワインの主要産地が集まる。「ワインベルト」にはアメリカやオーストラリア、チリなど「新世界」のワイン新興

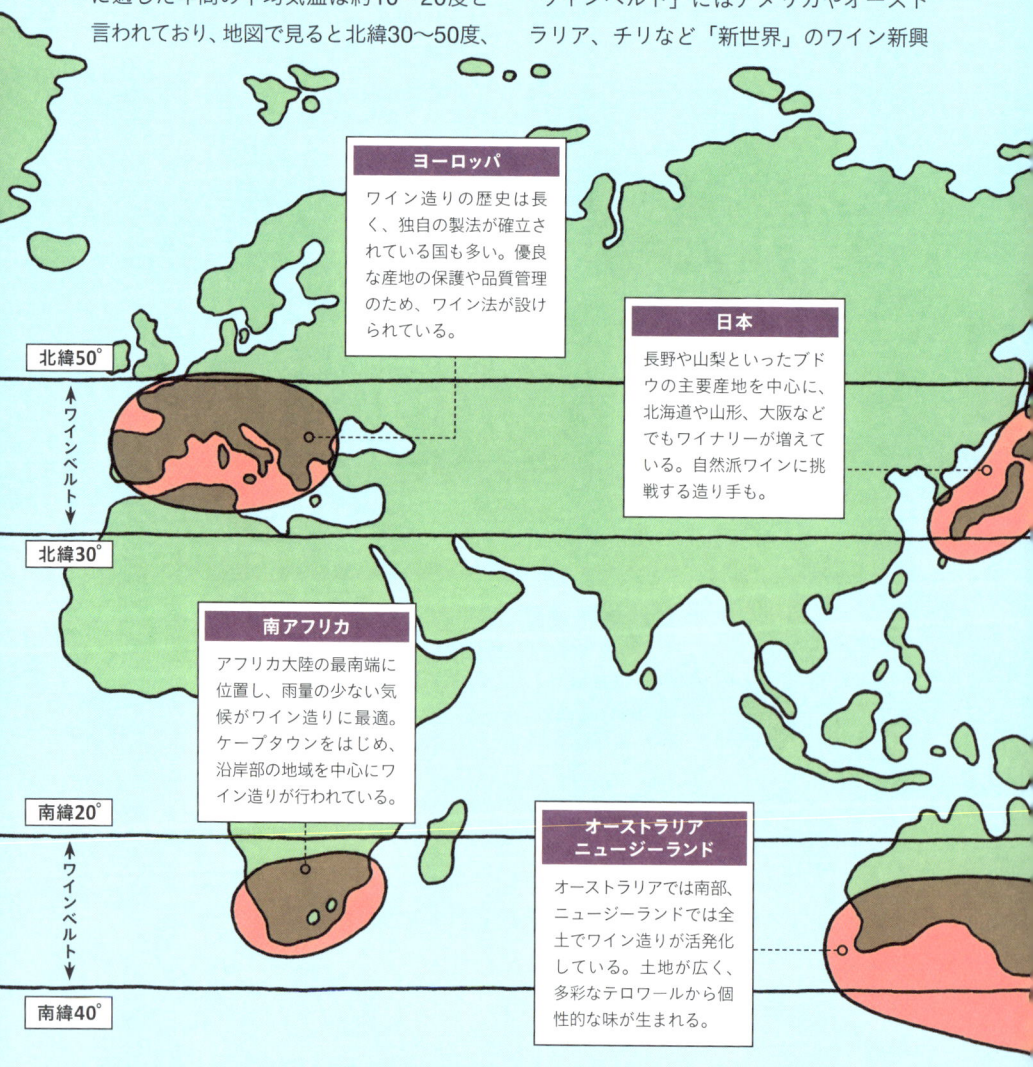

**ヨーロッパ**
ワイン造りの歴史は長く、独自の製法が確立されている国も多い。優良な産地の保護や品質管理のため、ワイン法が設けられている。

**日本**
長野や山梨といったブドウの主要産地を中心に、北海道や山形、大阪などでもワイナリーが増えている。自然派ワインに挑戦する造り手も。

**南アフリカ**
アフリカ大陸の最南端に位置し、雨量の少ない気候がワイン造りに最適。ケープタウンをはじめ、沿岸部の地域を中心にワイン造りが行われている。

**オーストラリア
ニュージーランド**
オーストラリアでは南部、ニュージーランドでは全土でワイン造りが活発化している。土地が広く、多彩なテロワールから個性的な味が生まれる。

北緯50°
ワインベルト
北緯30°
南緯20°
ワインベルト
南緯40°

## 「ワインベルト」を中心に、世界各地でワイン造りが行なわれている

国も入っていて、近年ワイン造りの勢いが増し、業界を大きくにぎわせている。日本の輸入ワイン量においては、なんとヨーロッパの列強を抑えてチリ産のワインが1位に。さらに、いま新たに注目を集めているのが「新緯度帯ワイン」。北緯50度以北のオランダ、デンマーク、ポーランド、北緯13〜15度のタイなどで、気候変動や技術の進歩によって世界レベルに匹敵する高品質なワインが次々と輩出されている。

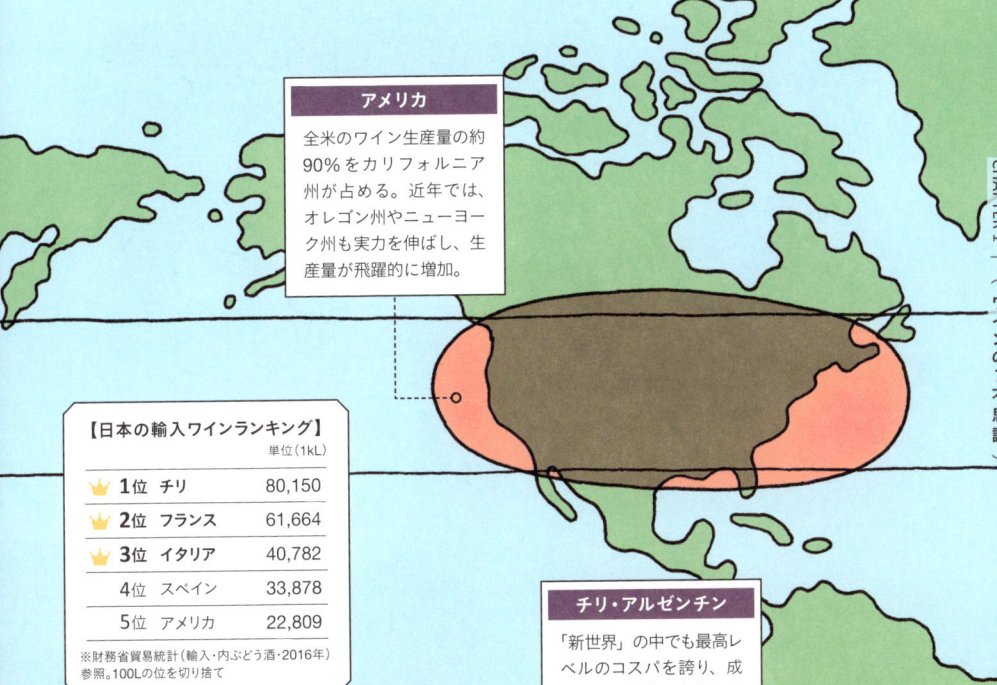

### アメリカ

全米のワイン生産量の約90％をカリフォルニア州が占める。近年では、オレゴン州やニューヨーク州も実力を伸ばし、生産量が飛躍的に増加。

**【日本の輸入ワインランキング】**

単位（1kL）

| | 国名 | 数量 |
|---|---|---|
| 👑 1位 | チリ | 80,150 |
| 👑 2位 | フランス | 61,664 |
| 👑 3位 | イタリア | 40,782 |
| 4位 | スペイン | 33,878 |
| 5位 | アメリカ | 22,809 |

※財務省貿易統計（輸入・内ぶどう酒・2016年）参照。100Lの位を切り捨て

### チリ・アルゼンチン

「新世界」の中でも最高レベルのコスパを誇り、成長著しい産地。恵まれた土壌や独特の地形を生かしたワインは、国際的評価を受けることも多い。

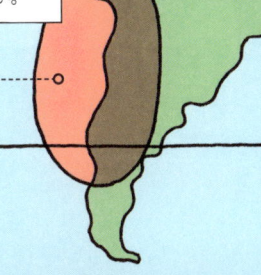

**【国別ワイン生産量ランキング】**

単位（1kL）

| | 国名 | 数量 |
|---|---|---|
| 👑 1位 | フランス | 4,653,400 |
| 👑 2位 | イタリア | 4,422,900 |
| 👑 3位 | スペイン | 3,949,400 |
| 4位 | アメリカ | 2,309,800 |
| 5位 | アルゼンチン | 1,519,745 |

※2014年 O.I.V.資料参照

# ブドウの出来は「テロワール」で決まる

**日照**
日照時間はブドウの果実の成熟度、色素、糖分、酸、タンニンの生成に大きく影響を与える。ブドウの生育に必要な日照量は、最低でも年間1,000〜1,500時間と言われている。

**土壌**
水はけの良いやせた土地ほど果実に栄養が集中しやすく、ワイン造りに最適。また、ミネラル分を多く含んだ土壌だとブドウが健やかに生育する。

テロワールとは、ブドウの栽培にかかわるあらゆる環境のこと。ブドウは環境の影響を受けやすい果実と言われ、同じ産地でも自然条件の違いによってワインの味わいは大きく変わる。具体的には、河川や傾斜の有無などブドウが育つ土壌をはじめ、気温や日照、降水量といった天候状況などが含まれる。例えば、温暖な産地で育ったブドウは果実味が強くまろやかな味わいになり、寒い産地になるほど酸味が強くすっきりとしたワインになる。ワインを飲むときは、産地や地域によって異なるさまざまなテロワールをじっくり味わってみてほしい。テロワールによるワインの個性を感じ取ることができるようになったら、あなたもいっぱしのワイン通だ。

## 水分

雨量が多すぎるとブドウ樹が過度に生長し、果実に十分な栄養が行き渡らなくなってしまう。また、果実が水分を吸いすぎて水っぽいワインになることも。年間降水量は500〜900mmが望ましい。

## 気温

温暖な気候ほど、ブドウの生育はスムーズに進む。年間の平均気温は10〜20度がベター。暖かい気候では糖度が高いワインに、寒い気候ではキリッと酸味の効いたワインに仕上がる。

【標高】標高が高くなるほど気温は低くなる。そのため気温が高い地域では標高が高い場所に畑を作ることが多い。

【傾斜】畑が斜面にあると水はけがよくなり、斜面の向きによっては日照量も上手に確保できる。

【河川】河川に面していると、水面の照り返しによって日照量を効率的に増やせる。

# ブドウの収穫時期はいつ？

ブドウの一般的な収穫シーズンは9〜11月。
ただし、造り手のこだわりによって時期が早まったり遅くなったりすることも。

## ブドウの1年
### (北半球の場合)

### 3〜6月
**ブドウが眠りから覚めて、芽吹く時季**

春になるとブドウの樹は芽が出始めるので、剪定をしたり、肥料をまいたりして環境を整える。この時季は激しい雨や過度の寒さなど、天候の変化が育成に影響を与えるので注意。

### 7〜8月
**フレッシュなワインを造るときは夏にブドウを早摘み！**

通常は9月頃から収穫が始まるが、すっきりとした味わいのワインを造るためにあえて早摘みすることも。早摘みのブドウはスパークリングワインに使われることも多い。

### 1〜2月
**一歩間違えたら腐敗!?寒さを耐えた極上ブドウを収穫**

氷点下7度以下の環境で自然凍結させたブドウは「アイスワイン」に使用。育成が難しく、希少価値が高い。

### 9〜11月
**最高の状態のブドウを冬になる前に収穫！**

ワイナリーが最も活気付く時季。ブドウの成熟具合や酸味や糖度のバランスを確認しながら、最適なタイミングで収穫を行う。頃合いを見誤ると、雨や寒さでブドウが打撃を受けることもあるので、見極めが重要。

#### 手摘み
どんな地形の畑でも対応することができ、収穫に適した果実のみを選んで収穫することができる。しかし、人手と時間がかかるのが難点。

#### 機械収穫
少人数で大量のブドウを素早く収穫できる。一方で、良質なブドウだけを選別することが難しく、果実やブドウの樹を傷つけてしまう恐れも。

### 11〜12月頃
**甘口ワインは、完熟からさらに干しブドウのようになるまで待つ**

完熟したブドウを樹に付けたままにして、干しブドウのような状態にしてから収穫。こうして遅摘みされたブドウは糖分が凝縮されるため、コクのある甘口ワインになる。貴腐菌を付けたブドウをこの時季に収穫し、「貴腐ワイン」を造るワイナリーも。

※時期は目安

ワインを選ぶ

自分に合った
## おいしいワインの
## 見つけ方

お気に入りの洋服を選ぶように、
ワインも自分にぴったり合う一本を見つけたい。
「でも、そもそもどんなワインが好きか分からない…」
そんな迷えるワインビギナーは、
まずは、"自分好みの味"から探してみよう！

# 赤と白の"王道品種"を飲み比べてみる

## 赤ワイン

赤ワインの中でもスタンダードな味わいを楽しめるのが「カベルネ・ソーヴィニヨン」。色が濃く、渋味がしっかりしていてコクもある"赤ワインらしい"味わいなので、まずはこの品種を起点にして自分好みの味を探すのがおすすめだ。例えば、「カベルネ・ソーヴィニヨン」を飲み、その濃厚な味わいが気に入ったなら同系統の「メルロ」を。逆に濃い、重たいと感じるようであればタンニンの少ない「ピノ・ノワール」を試してみよう。好みのラインが分かってきたら、より濃厚な「シラー」や、すっきりとした「カベルネ・フラン」などに挑戦してみよう。

## 白ワイン

世界で最も有名な白ブドウ品種とも言われる「シャルドネ」は、酸味と甘みのバランスに優れ、好みの白ワインを探す上で真っ先に飲んでほしい品種。「シャルドネ」を飲んでみて、もっとフルーティーな味わいや甘口が好きと感じたら「リースリング」を、反対により酸味の強いシャープな味わいがお好みなら爽やかな「ソーヴィニヨン・ブラン」が合うはずだ。白ワインの好みが甘口寄りなら、「ゲヴュルツトラミネール」や「ミュスカ」の甘口ワインがおすすめ。また、すっきりしたフレッシュな味わいが好きなら日本の代表品種「甲州」を飲んでみてほしい。

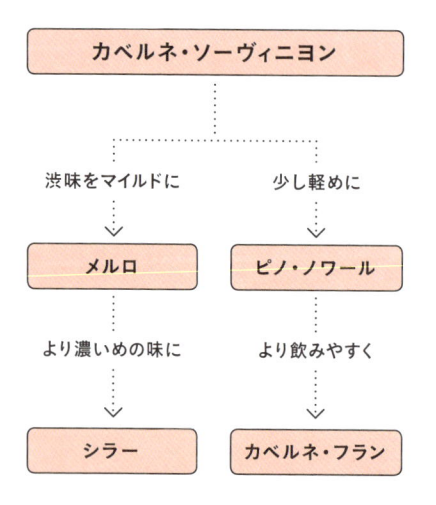

カベルネ・ソーヴィニヨン
- 渋味をマイルドに → メルロ → より濃いめの味に → シラー
- 少し軽めに → ピノ・ノワール → より飲みやすく → カベルネ・フラン

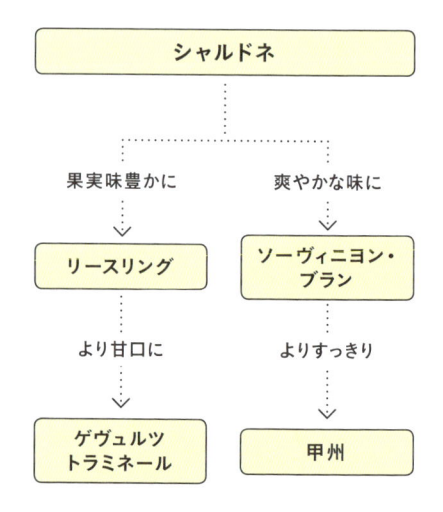

シャルドネ
- 果実味豊かに → リースリング → より甘口に → ゲヴュルツトラミネール
- 爽やかな味に → ソーヴィニヨン・ブラン → よりすっきり → 甲州

## 赤ワイン

\ START! /
**カベルネ・ソーヴィニヨン**

渋味を
マイルドに
したかったら

ちょっと
重いと
感じたら

**メルロ**

**ピノ・ノワール**

カベルネ・ソーヴィニヨン
に比べて果実味豊かでどっ
しりとしたふくよかな味わ
い。タンニンは控えめ。

タンニンが少なく、渋味は
控えめ。洗練された酸味と
芳醇なフルーツの香りで、
ライトな口当たりに。

## 白ワイン

\ START! /
**シャルドネ**

もっと
フルーツ感が
欲しい場合は

もっと
すっきりした
味が良いなら

**リースリング**

**ソーヴィニヨン・ブラン**

キリッとした酸味の中に、
ブドウ由来の上品な甘みが
ある。貴腐ワインに使われ
るなど、甘口ワインの定番。

ハーブやかんきつ類の爽や
かな香りとシャープな酸味
が特徴。色味も味わいも透
明感があって軽やか。

# 分かりやすい味なら「単一」ワイン、王道に触れるなら「ブレンド」ワインに

単一ワイン

オンリーワン！

¥3,000

CABERNET SAUVIGNON

● 見分け方

### 産地が新世界

ワインの歴史が比較的新しいアメリカ、チリ、オーストラリア、日本などの新世界では、単一品種でワインを造るのが主流。はっきりと分かりやすい味をしていて、自分の味覚に合ったワインを見つけやすい。

### ラベルがシンプルで読みやすい

比較的シンプルなラベルが多く、難しい用語が少ないので初心者でも読み取りやすいのが特徴。また、ワイン新興国の中には、斬新なイラストや写真を使い、オリジナリティーを出しているものも。

### ラベルに品種名が書いてある

単一ワインは1つのブドウ品種で造られているため、品種の名前がラベルにはっきりと記載されていることが多い。店頭で選ぶときも目に付きやすく、好みの味を見つけるのに役立つ。

### 値段が手頃

ワイン新興国で造られることが多いので、クオリティーが高いワインも比較的リーズナブルな価格で手に入れられる。そのため、デイリーワインとして重宝され、手軽に飲み比べできるのも魅力だ。

ワインには、大きく分けて「単一」と「ブレンド」の2種類がある。「単一」とは1種類のブドウから造られるワインで、またの名を「ヴァラエタルワイン」と呼ぶ。品種を飲み比べて好みの味を探る上でとても役立ち、分かりやすい味わいのものが多いので、ワインを飲み慣れていない人は「単一」ワインから始めるのがおすすめだ。一方、「ブレンド」はその名の通り、複数の

ブドウ品種をブレンドして造られたワインで、ワイン造りの歴史が古いフランスやイタリアなどの旧世界で主流となっている。1つの品種だけでは引き出せない複雑な香りや豊かな味わいが生み出される工程は、まるで錬金術のように熟練の技術や経験を要する。ワイン大国で造られる王道のブレンドワインは、ワインの本当の面白さや奥深さを知る上で欠かせない存在なのだ。

ブレンドワイン

CABERNET SAUVIGNON

CHATEAU HONYARARA

MERLOT

◉ 見分け方

### 産地が旧世界

ワイン大国のフランスやイタリア、スペインなど、旧世界と呼ばれる産地ではブレンドワインが主流。中には、10種類以上のブドウ品種をブレンドして造られるワインもある。

### ラベルに品種名が書いてない

複数のブドウ品種がブレンドされているため、はっきりと品種名が書かれているワインは少ない。そのため、産地や格付けなどの情報を加味しながらワイン選びをする必要がある。

### ラベルに産地名が大きく書いてある

ブレンドは、品種よりも産地が重要。その土地特有の風土や栽培・醸造方法がワインの味わいに色濃く反映されるからだ。そのため、産地がより細かく断定されている方が高品質で格上と言われる。

### ラベルに国ごとの格付けが書いてある

ワインの品質の指標となる格付けがラベルに記されていることが多く、同じ国でもランクに大きな差がある。ワイン法や格付けの仕方は国や地域によって異なる。

# 旧世界は「産地」、
# 新世界は「品種」をチェックする

## 旧世界ワイン

旧世界のワインを選ぶときは、品種よりも「産地」に注目。造り手によってはさまざまな品種をブレンドしているため、品種について明記していないものも多いからだ。また、同じ国内でも地域や村、畑によってブドウの出来や醸造方法が異なり、表示される産地が詳細なほどテロワールの個性を打ち出している傾向がある。中には、「ロマネ・コンティ」のように畑の名前を冠した超高級ワインも。

**BOURGOGNE**

### 旧世界ワインの選び方

● **フランスの場合**

\ 格上！/

ブルゴーニュ地方 → コート・ド・ニュイ → ヴォーヌ・ロマネ

地域名、地方名、地区名、畑名と、より特定された産地が書かれているほど、ワインは品質も値段も高くなっていく。

**古**くからワインを造っている「旧世界」と、ワインの歴史がまだ新しい「新世界」のワインでは、選ぶときに注目すべきポイントが大きく異なる。「旧世界」では、複数のブドウ品種を使ったブレンドワインが多いため、品種でワインを選ぶのは難しい。そこで指標となるのが産地。特にフランスの場合は、地域や村など、より細かく産地が限定されている方が高い格付けとなる。一方、「新世界」では単一のブドウ品種から造られるワインが多く、ブドウの味わいがストレートに反映されるので、品種によってある程度ワインの味を予測することができる。そのため、品種ごとの味わいを知っていれば、ワインショップでも比較的簡単に好みのワインを見つけられるだろう。まずは見るべきポイントを押さえて、ワインの特徴を探ってみよう。

## 新世界ワイン

単一品種のワインが多く、ブドウの品種による個性から味わいをイメージしやすいため、初心者でも好みのワインを簡単に見つけることができる。近年では、「新世界」でも産地表示の制度が整ってきているが、ヨーロッパに比べると産地ごとの個性はそれほど確立されておらず、詳細な地域表示は少ない。一方で、個性的なワイナリーが次々と現れていて、看板商品に造り手名を打ち出すものも増えている。

CHARDONNAY

### 新世界ワインの選び方

**チリなら
カベルネ・ソーヴィニヨン**

コスパ抜群の赤ワインの代名詞。害虫を寄せ付けない土地柄のため、ピュアで上品な味わいに仕上がる。

**ニュージーランドなら
ソーヴィニヨン・ブラン**

昼夜の寒暖差が激しい地域のため、香りが凝縮され、果実味豊かで酸味が強いドライな味わいに。

**アメリカならシャルドネ**

ジューシーな果実感で、アメリカらしいパワフルな味わい。ブドウの個性をストレートに感じられる。

# シャープな味わいなら「寒い産地」、 果実味が好きなら「温かい産地」

## シャープな酸味の白ワイン

キリッと酸味が効いたワインを飲みたいときは、冷涼な産地の白ワインがおすすめ。中でも、北緯50度付近に位置するフランスのアルザスやドイツ、オーストリア、ハンガリーなどは、シャープな味わいの白ワインを得意とする。また温暖なイメージの南半球でも、南極に近いニュージーランドは比較的冷涼な産地であるため、爽やかな味わいの白ワインを楽しめる。

おすすめ

- ◉ フランス（アルザス）のリースリング
- ◉ ニュージーランドのソーヴィニヨン・ブラン
- ◉ オーストリアの
  グリューナー・ヴェルトリーナー
- ◉ イタリアのピノ・グリージョ
- ◉ 日本・北海道のシャルドネ

### マインクラング グリューナー フェルトリナー

オーストリアの白ワイン。冬は氷点下10度以下にまで冷え込む地域で、ビオディナミ農法を採用している。

→ P211

## フルーティーで濃厚な白ワイン

フルーティーな甘みを感じられる濃厚な白ワインがお好みなら、チリやアメリカ、オーストラリア、南アフリカを選んでみて。温暖な地域でありながら、山脈や海流などの影響を受けるため冷涼な気候の一面をもち、白ワイン造りに適している。チリ産の白ワインの場合、果実味が強くコクのある味わいで、トロピカルフルーツのような甘みのある香りを感じられる。

おすすめ

- ◉ チリのシャルドネ
- ◉ フランス（ボルドー）のセミヨン
- ◉ フランス（コート・デュ・ローヌ）の
  ヴィオニエ
- ◉ 南アフリカのシュナン・ブラン
- ◉ イタリアのモスカート

### アラメダ シャルドネ

チリらしい濃厚でコクのある白ワイン。トロピカルフルーツやバニラのような香りが感じられる。

→ P191

ワインの個性は育った土地の気候によって大きく変わるため、産地の気温で大まかな味わいを予測できる。一般的に、ブドウは温かいと成熟しやすく、糖度が上がってアルコール度の高いワインになる。特にスペインやチリなど太陽の光が燦々と降り注ぐ温暖な地域では黒ブドウが育ちやすく、渋味のしっかりした濃厚な赤ワインが造られる。一方、寒い地域ではブドウの糖度があまり上がらないため、酸度が高くすっきりとした味わいに。フランスのアルザスやドイツのような冷涼な地域では白ブドウがよく育つため、良質な白ワインを造るのに適している。また、フランスのように同じ国内でも地域によって気候の差が大きい産地では、冷涼な北部で白ワインやシャンパーニュ、温暖な南部で赤ワインと、さまざまな味わいのワインが生まれる。

## 飲みごたえのある赤ワイン

パワフルで飲みごたえがある赤ワインは、イタリアやフランスのローヌ、南半球に位置する新世界のものから選べばハズレがないだろう。特に、肉料理の文化が根強いアメリカのカリフォルニアやオーストラリアの赤ワインであれば、どっしりとした渋味やコクを感じられる。濃厚で味が強いため、テロワールや樽の風味も感じやすく、ワインの個性をじっくり堪能できる。

**おすすめ**

- ◉ アメリカのジンファンデル
- ◉ オーストラリアのシラーズ
- ◉ フランス（ボルドー）の
  カベルネ・ソーヴィニヨン
- ◉ イタリアのネッビオーロ
- ◉ スペインのテンプラニーリョ

### コノスル オーガニック カベルネ・ソーヴィニヨン / カルメネール / シラー

チェリーやラズベリーなど、赤い果実の香りが特徴のチリワイン。滑らかでしっかりとしたタンニンがある。

## 渋味の少ない赤ワイン

赤ワイン特有の渋味が苦手な場合は、比較的冷涼なフランスのブルゴーニュやドイツ、ニュージーランドなどの赤ワインが最適。寒い地域ほどタンニンは緻密でソフトな仕上がりになり、フレッシュな酸味が際立って軽やかなボディになる。口当たりがまろやかなものや、濃厚ながら後味はさっぱりした味わいのものなど、さまざまなタイプがあるので初心者も親しみやすい。

**おすすめ**

- ◉ フランス（ブルゴーニュ）の
  ピノ・ノワール
- ◉ フランス（ロワール）の
  カベルネ・フラン
- ◉ 日本のマスカット・ベーリーA
- ◉ オーストリアのツヴァイゲルト

### ジョルジュ デュブッフ サンタムール

"ボージョレの帝王"と称される名醸造家ジョルジュ・デュブッフ氏が理想の味わいを追求したワイン。

→ P205

# 実践! ラベルを見てみよう

ラベルはワインの情報が詰まった名刺のような存在。
読み方のコツさえつかめば、ワインを買う・飲む前に、
そのワインの特徴をおおよそ知ることができる。

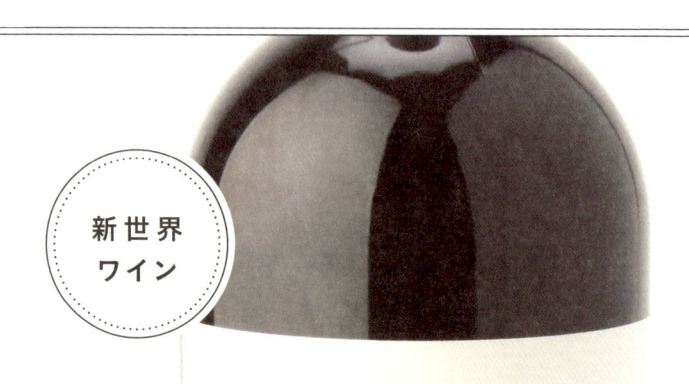

**新世界ワイン**

【 商品名 】
造り手が独自に付ける
ワインの名前。醸造所
の名前やブランド名な
どさまざま。

【 ヴィンテージ 】
原料となるブドウが収
穫された年。複数の年
のブドウをブレンドし
ている場合には NV(ノ
ンヴィンテージ) と表
記されていることがあ
る。

【 アルコール度数 】
ワインのアルコールの
強さを示す。ボディの
大きさの指標になるこ
ともある。

**AROMO.**
ESTATE BOTTLED
CABERNET SAUVIGNON
D.O. MAULE VALLEY
PRODUCT OF CHILE · WINE OF CHILE
2010

【 ブドウ品種名 】
新世界ワインの場合、
単一品種で造られるこ
とが多いため、ブドウ
の品種名が大きく表記
されていることがほと
んど。

【 産地名 】
ワインが造られた国や
地名。気候や土壌によ
り、同じブドウ品種で
も味が変わってくるの
で、気に入った産地は
覚えておくと便利。

ラベルには、商品名や産地、造り手、ブドウ品種、生産された年、アルコール度数など、ワインに関する情報が集約されている。別名「エチケット」とも呼ばれ、読み解くことができればワインを選ぶ際にとても役立つ。特に「新世界」のワインは比較的読みやすく、産地や品種名が大きく書かれていることも多いので選びやすい。一方、「旧世界」などワイン造りの歴史が古い産地では、情報が細かく読みづらいラベルもあるので、見るポイントを押さえておきたい。ただし、ワイナリーの個性がデザインに反映されることも多いので、直感で"ジャケ買い"するのも面白い。

旧世界ワイン

【 造り手名 】
ワインの生産者の名前。自分の畑で栽培したブドウを自家醸造するワインメーカーも多く、そのメーカー名が表示されることもある。表記は、シャトー○○、ドメーヌ～○○、○○ワイナリーなど。

【 商品名 】
造り手が名付けたワイン名やブランド名。

【 産地名 】
国名、地方名、村名、畑名など、表示される地域の範囲はさまざま。より限定した地域が記載されているほど、格が高い。

【 アルコール度数 】
旧世界は、伝統的な手法で繊細な味わいに仕上げるため、アルコール度数が高すぎないワインが多い。

【 ヴィンテージ 】
NVのシャンパーニュ以外は、基本的に明記が必要。当たり年・外れ年を見分ける指標にも使われる。

# ワインを3倍楽しむ方法

ビールのように、グラスに注いでゴクゴク飲むだけなんてもったいない。ワインは視覚、嗅覚、味覚を使うことで、3倍も楽しめる飲み物なので、ぜひとも「テイスティング」を試してみてほしい。「テイスティング」というと、ソムリエなどその道のプロが実践する難しい作業と思われるかもしれないが、要はワインの見た目、香り、味わいを最大限に楽しむこと。美しい色味にうっとり魅入り、芳醇なアロマに癒やされ、舌全体で余すことなくワインの魅力に浸るだけ。ワインの面白さや奥深さに触れられる手軽な方法なので、ワイン初心者にこそおすすめだ。

## STEP 1

### 光に透かして
### ワインの色を眺める

グラスに注がれたワインを飲む前に、まずは色味や濃淡、透明度など、外観をじっくり眺めてみよう。グラスを照明にかざして見るも良し、白いテーブルクロスに傾けて見るも良し。美しい色味からワインの個性が分かることも。

グラスを目の高さに持ち上げ、光源にかざして色合いを見る

**OR**

白い布や紙の上でグラスを軽く傾け、ワインを上から観賞

## ● 色の濃淡

### 【 赤ワイン 】

**赤紫色**

色合いが淡く、透明感がある。酸度は高めで、渋味が弱い傾向。

**ルビー色**

傾けたときの色合いはやや薄い。渋味と酸味のバランスが良い。

**ガーネット色**

傾けても不透明。渋味が強く濃厚で飲みごたえがあるものが多い。

### 【 白ワイン 】

**レモンイエロー**

透き通った淡い色味。酸味が強く、若いワインの傾向がある。

**黄色**

ほど良い酸味とフルーティーな味わいで、比較的飲みやすい。

**こはく色**

濃く落ち着いた黄金色でオレンジがかったものも。コクがある。

## STEP 2

### ゆっくり回して
### 香りを堪能する

ワインの香りは「アロマ」とも
呼ばれ、フレッシュな果実香か
らうっとりするほど妖艶な香り
までさまざまだ。グラスを鼻に
近づけて嗅ぐだけでも十分だが、
香りが薄い場合はグラスをテー
ブルに置いてゆっくり回してみ
よう。空気に触れさせることで
香りが開いて感じ取りやすくな
る。口に含んだ後に広がる香り
も余すことなく味わってほしい。

内側に向かって、
2〜5回程度回す

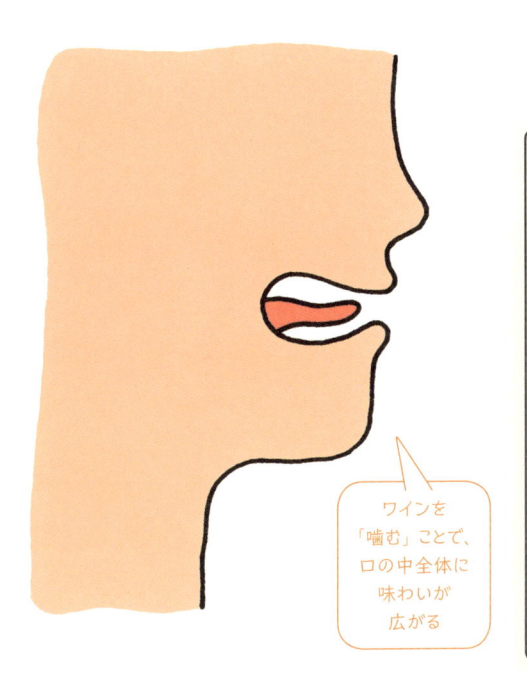

## STEP 3

### 舌全体にワインを付け
### しっかり味わう

ワインを口に含んだら、飲み込
む前に少しだけ味わってみよう。
方法はいたって簡単で、口に含
んだワインを舌全体に浸すイメ
ージで軽く「噛む」だけ。ワイ
ン全体のバランスや個性を感じ
取ることができるはずだ。鼻に
抜ける香りや、飲み込んだ後に
口内に残る味や香りの余韻もワ
インの個性なので、じっくり堪
能してみよう。

ワインを
「噛む」ことで、
口の中全体に
味わいが
広がる

# ワインを飲む順番を押さえておく

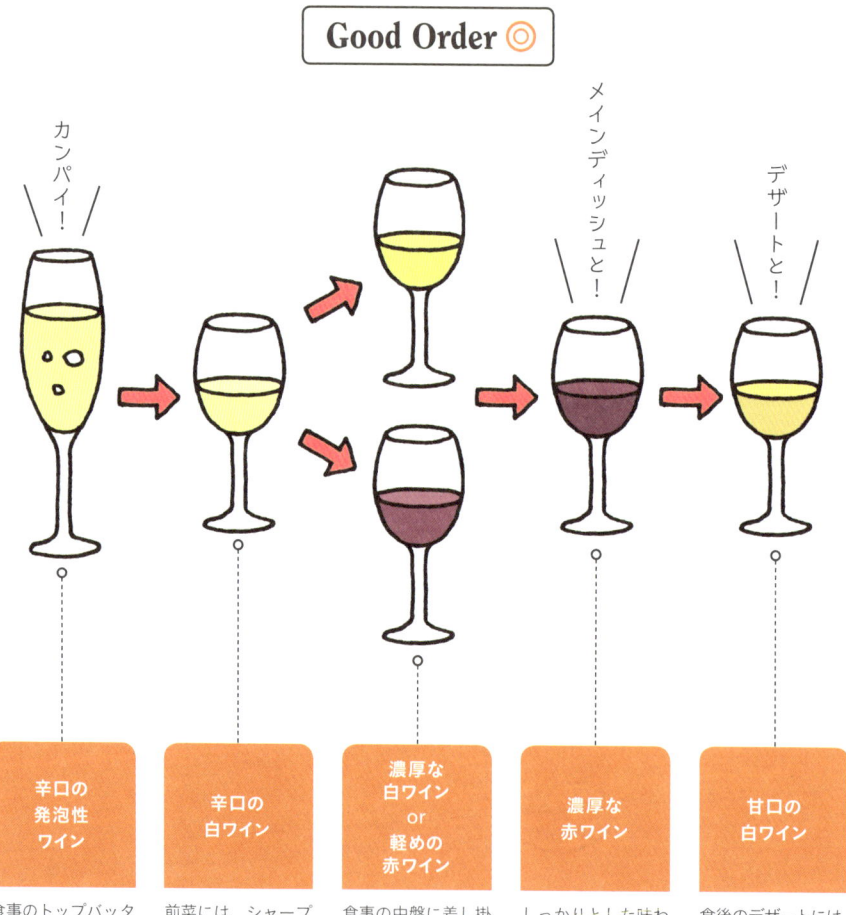

**辛口の発泡性ワイン**

食事のトップバッターには、発泡性のあるキリッとした辛口のシャンパーニュやスパークリングワインがおすすめ。爽やかな飲み口でどんな料理にも合い、炭酸が食欲を刺激してくれるはずだ。

**辛口の白ワイン**

前菜には、シャープな辛口タイプの白ワインを合わせてみて。すっきりとした軽やかな味わいは料理の淡白な味を邪魔せず、見事に調和する。香りがフレッシュな若いワインもこのタイミングに。

**濃厚な白ワインor軽めの赤ワイン**

食事の中盤に差し掛かったら、料理に合わせてワインの色を選んでみよう。白身肉や白身魚の淡白な味付けには白ワインを、トマトを使った肉料理や赤身魚などには赤ワインを合わせるのが定石だ。

**濃厚な赤ワイン**

しっかりとした味わいのメインディッシュには、重厚なタイプの赤ワインがぴったり。また、赤ワインはアルコール度数が高めなので、胃液の分泌を促し、消化をスムーズにしてくれる働きも。

**甘口の白ワイン**

食後のデザートには、ブドウ由来の甘美な味わいを楽しめる甘口の白ワインが合う。極甘口のリッチなタイプやすっきりした甘口タイプなど、気分に合わせて選べば、ディナーの後も心地よい余韻が続くはず。

**人**の味覚は、強い味や濃い味を口にすると それに慣れてしまい、軽い味や薄い味を感じ取る力が弱まってしまう。そのため、数種類のタイプが異なるワインを飲む場合、飲み進める順番はとても重要。基本的には、軽いタイプのワインから重いタイプのワインの順番で飲むのが良いとされている。赤ワインは白ワインよりも味わいが濃厚なものが多いので、食事と合わせて何種類か飲む想定なら、白ワインから赤ワインの順で選ぶのがベスト。最近では、料理とワインのペアリングをあらかじめ設定したコースを提案してくれるレストランもあるので、プロにお任せしてみるのもOK。

## Bad Order ✕

### 【 食事の最初に 濃厚な赤ワイン 】

食事の初めに濃厚な赤ワインを飲むと、後に飲むワインの味を邪魔してしまう。また、繊細な味わいの料理にも影響を与えかねないので避けたい。

### 【 極甘口ワインの後に 辛口のワイン 】

極甘口のワインの後に辛口タイプのワインを飲むと、辛さを余計に強く感じてしまう。辛口ワインの風味を感じにくくなってしまうことも。

### 【 力強いワインの後に 繊細な味のワイン 】

力強いワインは渋味が強く味わいも複雑。続けて繊細な味のワインを飲んでしまうと味が感じにくくなり、物足りなさを覚えてしまう。

### 【 古いヴィンテージワインの後に 若々しいワイン 】

フレッシュな味わいが濃厚で複雑な味わいにかき消されてしまうので、熟成の進んだヴィンテージワインの後に若いワインを飲むのは避けよう。

# 本当においしいワインを飲みたい日は、2,000円以上から選ぶ

1,000円代の手頃なテーブルワインから、3万円以上もする高級ワインまで、ワインの価格帯は幅広い。一般的に、価格帯が低いほどシンプルな味わいで飲みやすく、高価格帯になるにつれて味に複雑味が加わって分かりにくい味わいになる。そのため、必ずしも「高ければ高いほどおいしい」と

いうわけではなく、安価でも十分に満足できるワインは多い。ただし、「ワインの味にこだわりたい」「大切な人に贈りたい」という場合は中価格帯以上から選ぶのが吉。価格が上がるほど、ブドウの栽培や収穫、醸造方法などワイナリーごとのこだわりをじっくり味わうことができる。

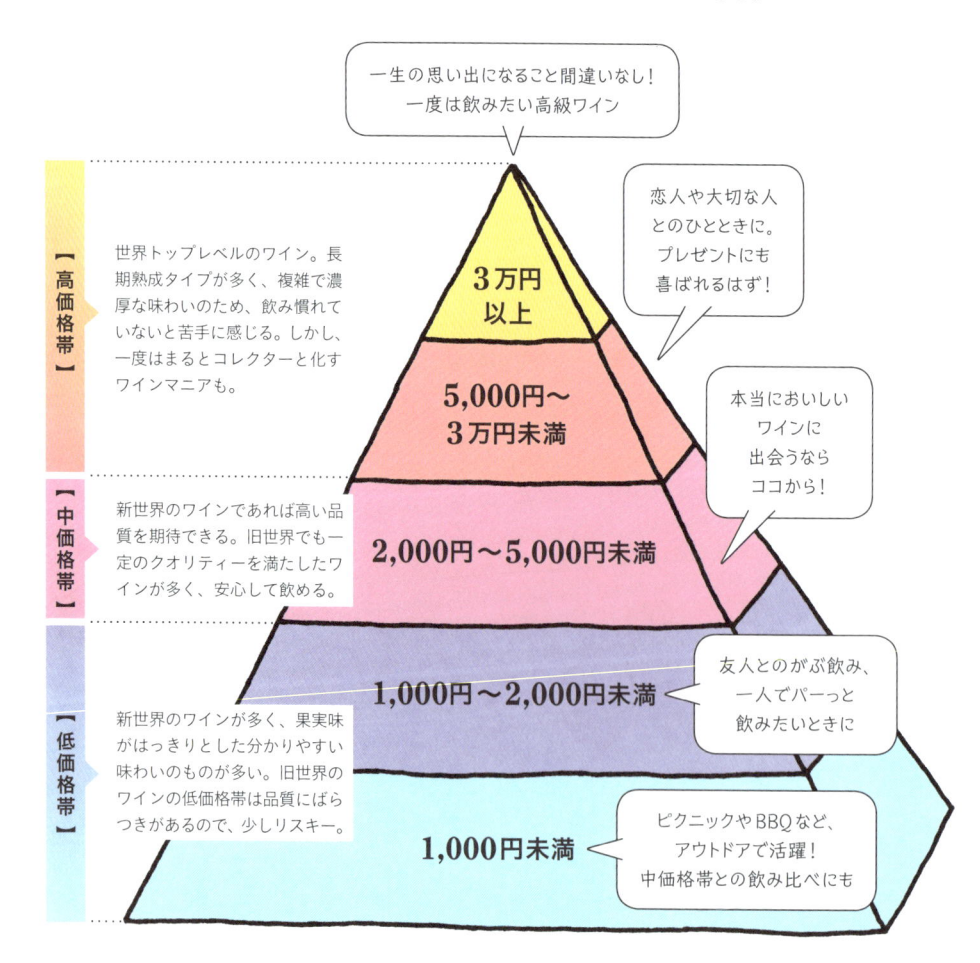

一生の思い出になること間違いなし！
一度は飲みたい高級ワイン

【高価格帯】
世界トップレベルのワイン。長期熟成タイプが多く、複雑で濃厚な味わいのため、飲み慣れていないと苦手に感じる。しかし、一度はまるとコレクターと化すワインマニアも。

3万円以上

恋人や大切な人とのひとときに。プレゼントにも喜ばれるはず！

5,000円〜3万円未満

本当においしいワインに出会うならココから！

【中価格帯】
新世界のワインであれば高い品質を期待できる。旧世界でも一定のクオリティーを満たしたワインが多く、安心して飲める。

2,000円〜5,000円未満

1,000円〜2,000円未満

友人とのがぶ飲み、一人でパーっと飲みたいときに

【低価格帯】
新世界のワインが多く、果実味がはっきりとした分かりやすい味わいのものが多い。旧世界のワインの低価格帯は品質にばらつきがあるので、少しリスキー。

1,000円未満

ピクニックやBBQなど、アウトドアで活躍！中価格帯との飲み比べにも

# 一度は飲みたい"ワイン界の大御所"

## ドン ペリニヨン

作柄の恵まれた年に収穫されたブドウだけを使った、高級シャンパーニュの筆頭とも言うべき一本。

→ P193

## ギイ アミオ エ フィス ル モンラッシェ グラン クリュ

年間600本ほどしか生産されない稀少なワイン。樹齢80年に達する古樹のブドウを使っている。

→ P195

## シャトー・ラトゥール

五大シャトーの一つ。完璧なまでの品質主義から生まれた、力強くエレガントなワイン。

→ P194

## オーパスワン

カリフォルニアの銘醸地ナパバレーで生まれたワイン。生産量が極めて少なく、入手困難。

→ P194

# 高いワインには"ワケ"がある

## REASON 1

### 良質なブドウが採れる場所は限られている

日当たりや土地の傾斜、土壌の質などによってブドウの生育は大きく変わる。そのため、同じ産地やワイナリーであっても良質なブドウが採れる場所はある程度決まってしまい、造られるワインの量も限られたものになる。

## REASON 2

### クオリティーの高いブドウを育てるためにあえて数を間引く

ブドウ樹は放っておくと次々と実がなり、一つひとつに行き渡る栄養が少なくなる。そこで、剪定や房切り作業によってブドウの数を減らし、栄養を集中させることで、うま味を凝縮する。中には、収穫高を10分の1まで落とす造り手も。

## REASON 3

### 需要が多すぎて供給が追いつかずレア物になる

世界中に欲しい人がたくさんいるのに生産量が少ないワインの場合、コストにかかわらず値段が高くなってしまう。有名ワイナリーが手掛けたワインや、国際的なコンクールを受賞したワインなど、注目度の高いワインに多い。

# 黄色ワイン？緑ワイン？

**赤、白、ロゼだけでなく、ワインには黄色や緑色のものもある！
ブドウの収穫時季や熟成期間にこだわった個性的なワインなのでお試しあれ。**

## 黄色ワイン

**造り方**
10月下旬頃に収穫された完熟ブドウをタンク内で10日ほど発酵させて、木樽で6年間の長期熟成を行う。熟成中にアルコールが蒸発しても補酒はしない。

**香り**
ヘーゼルナッツを思わせる香ばしい香りがする。ワインの濃度によっては、カレー粉や焦がしキャラメルのような、特徴的な香りがすると言われることも。

**味**
ナツメグやクミンのようなスパイシーでコクのある辛口な味わい。ブドウの糖分が完全にアルコールになるまで発酵を行うため、独特な風味が生まれる。

**ドメーヌ
フィリップ・ヴァンデル
ヴァン・ジョーヌ
レトワール 2010**

美しい濃い黄色のワイン。クルミのような香りが特徴で、フレッシュで優しい甘みが口いっぱいに広がる。

**PICK UP!**

**ブドウ品種**：サヴァニャン
**生産地**：フランス
**ワイナリー**：ドメーヌ フィリップ・ヴァンデル
**アルコール度数**：13.5%
**価格**：7,000円（620mL）／フィラディス
☎ 045-222-8871

## 緑ワイン

**造り方**
熟す前の若い白ブドウを使用。大型のステンレスタンクで果汁をアルコール発酵させて、みずみずしい味わいに仕上げている。熟成期間は短め。

**香り**
ライムやレモンのようなかんきつ系のフレッシュな香りが特徴。また、パイナップルのような甘酸っぱい香りや、ハーブのような植物の香りを感じることも。

**味**
キレのある酸味と、果実をかじっているかのようなフルーティーな味わいが広がる。発酵過程で生じた炭酸ガスをそのまま瓶詰めしていて、微発泡を感じる。

**テッラ・ノッサ
ヴィーニョ・ヴェルデ**

透明感のある薄い緑色が特徴的なワイン。果実味は強いが、アルコール度数が低めなので飲みやすい。

**PICK UP!**

**ブドウ品種**：アリント、ロウレイロなど
**生産地**：ポルトガル
**ワイナリー**：ソジェヴィヌス・ファイン・ワインズ
**アルコール度数**：9.5%
**価格**：1,188円（750mL）／モトックス
0120-344101

・CHAPTER・

# 3

ワインと旅する

個性がいろいろ！

# ワイン
# 世界地図

今や、世界中で行われているワイン造り。
土地や気候などのテロワールはもちろん、
そこに住む人々の歴史や食文化など、
その土地固有の風土がワインを形作っている。
そんなワインの魅力を旅するように
見つけに行こう！

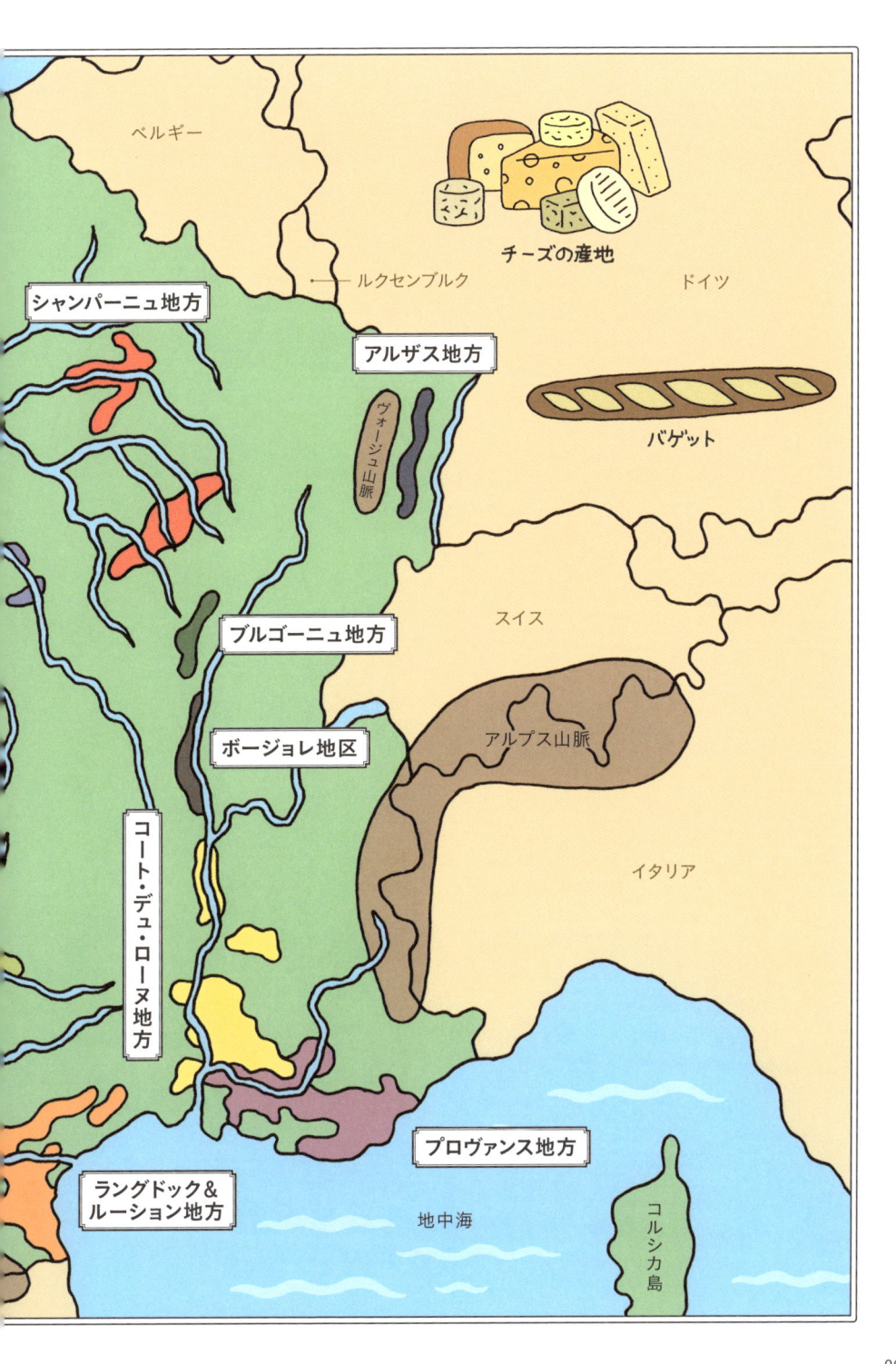

チーズの産地

ベルギー

ルクセンブルク

ドイツ

シャンパーニュ地方

アルザス地方

ヴォージュ山脈

バゲット

ブルゴーニュ地方

スイス

ボージョレ地区

アルプス山脈

コート・デュ・ローヌ地方

イタリア

プロヴァンス地方

ラングドック＆ルーション地方

地中海

コルシカ島

# BORDEAUX
## ボルドー地方

▶ 主要品種
赤：カベルネ・ソーヴィニヨン、メルロ、
　　カベルネ・フラン
白：ソーヴィニヨン・ブラン、セミヨン

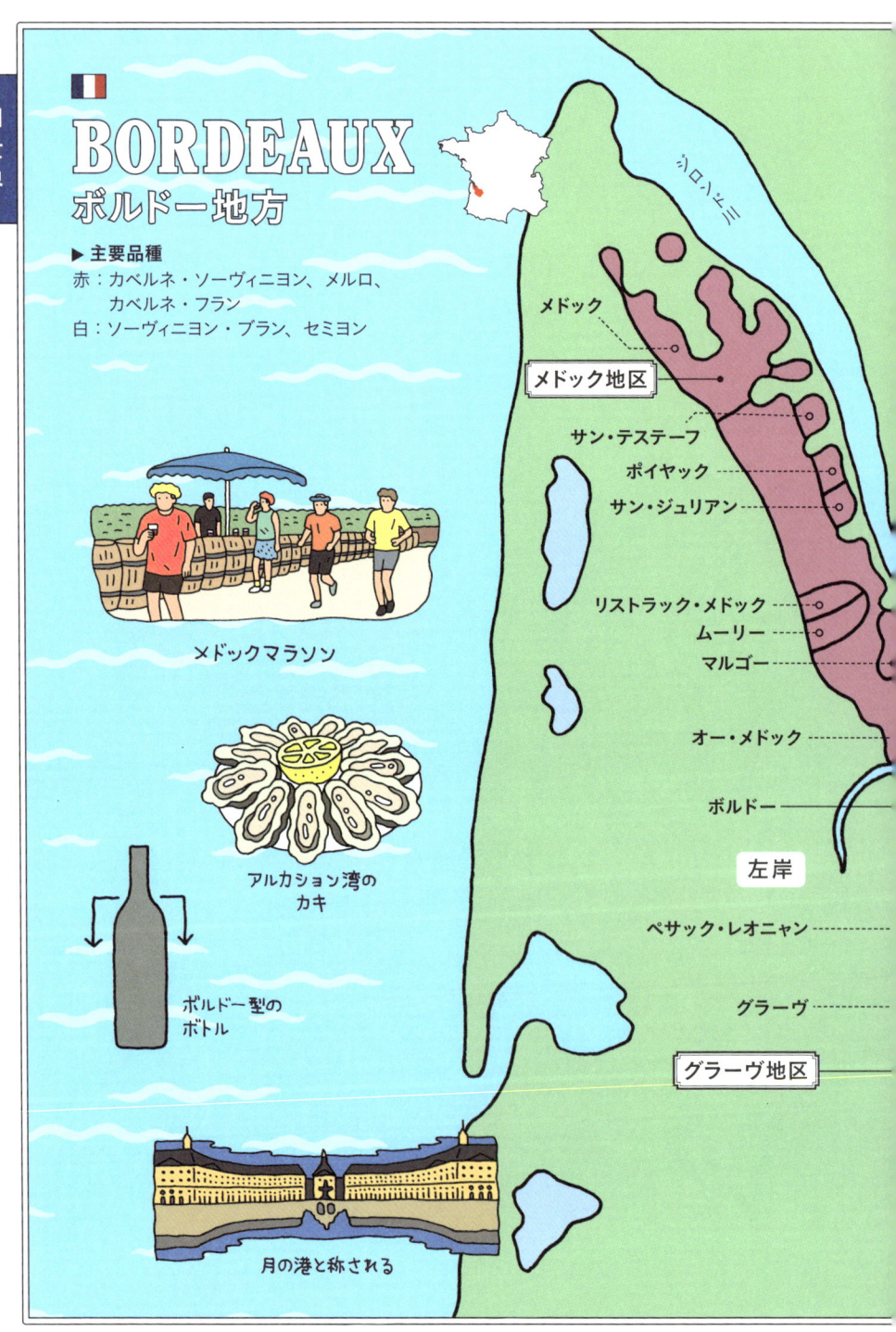

メドックマラソン

アルカション湾の
カキ

ボルドー型の
ボトル

月の港と称される

ジロンド川

メドック

メドック地区

サン・テステーフ
ポイヤック
サン・ジュリアン

リストラック・メドック
ムーリー
マルゴー

オー・メドック

ボルドー

左岸

ペサック・レオニャン

グラーヴ

グラーヴ地区

アントルコート・
ア・ラ・ボルドレーズ

ブライ・コート・ド・ボルドー

コート・ド・ブール

コート地区

シャトー

ラランド・ド・ポムロール

フロサック

ポムロール

カヌレ

右岸

サン・テミリオン衛星地区

カスティヨン・コート・ド・ボルドー

サン・テミリオン＆ポムロール
＆フロンサック地区

ドルドーニュ川

サン・テミリオン

ガロンヌ川

アントル・ドゥ・
メール地区

セロン

ルーピアック

バルサック

サン・クロワ・デュ・モン

ソーテルヌ＆
バルサック地区

ソーテルヌ

# ボルドーのワイン話

## 【 ワインのツボ 】

**POINT 1** 3つの川の流域に広がる
温暖な海洋性気候の産地

**POINT 2** 長期熟成が可能な
力強いワインが多い

**POINT 3** 数種類のブドウ品種を
アッサンブラージュした赤ワインが代表的

### TIPS 1 「右岸」は豊満タイプ、「左岸」は骨太タイプのワインが造られる

赤ワインの銘醸地として知られるボルドーには、東の中央山脈から流れるドルドーニュ川とピレネー山脈から流れるガロンヌ川、その2つが合わさって大西洋に流れていくジロンド川の3つの川がある。これらの川を境に、水持ちの良い粘土質の土壌の「右岸」と、水はけが非常に良い砂利質の土壌の「左岸」の2つの地域に分けられる。

#### 右岸

ジロンド川の上流、ドルドーニュ川の右岸地域、主にポムロール地区とサン・テミリオン地区を指す。メルロやカベルネ・フランを主体とした力強さと上品な柔らかさを持つ赤ワインが生産される。小規模なシャトーが多い。

#### 左岸

主にジロンド川とガロンヌ川の左岸地域、メドック地区とグラーヴ地区を指す。カベルネ・ソーヴィニヨンを主体とした、繊細かつ力強い赤ワインが生産されている。大規模なシャトーによる個性を打ち出したワインが多い。

### TIPS 2 ボルドーはブドウ栽培＆醸造を担う「シャトー」が多い

ボルドーの造り手の大半に、シャトーという名が付いている。シャトーとは自社畑を持ち、ブドウの栽培からワインの醸造までを一手に行っている栽培家兼醸造家のことを指す。メドック地区やグラーヴ地区などの「左岸」を中心に、ボルドー一帯に多く見られるスタイルだ。もともとシャトーとは、フランス語で"城"という意味があり、その名のとおり城のような豪華な造りの建物と広大なブドウ畑を持つ大規模な造り手も多い。シャトーの中には、複数のブドウ品種の自社畑を持ち、シャトー独自の比率でアッサンブラージュ（ブレンド）してワインを造るところも多いため、ボルドーではシャトーごとの特徴を打ち出した個性の強いワインが多く生まれる。

### TIPS 3 ボルドーワインは拝んで飲みたくなる「ワインの女王」

ボルドーワインの最大の特徴は、複数のブドウ品種をアッサンブラージュして造られる、複雑で繊細な味わい。これが女性的な印象に感じられることから、「フランスワインの女王」と言われるようになったとされている。また、熟成とともに味わいが絶妙に変化することも女性に例えられる理由の一つだ。

## TIPS 4 ボルドーワインの頂点 「五大シャトー」は 個性が豊かすぎる

ボルドーの五大シャトーとは、1855年のパリ万国博覧会で始まったボルドー独自の格付け「グラン・クリュ」で "第1級" の称号を与えられた4つのシャトーと、1973年に昇格した「シャトー・ムートン・ロスチャイルド」を含む、世界トップクラスのシャトーを指す。ボルドーワインを牽引するとともに、伝統を受け継ぎながらクオリティーを高め、ボルドーワインの地位を引き上げる存在となっている。

### シャトー・ラフィット・ロートシルト

1855年に格付けが決定して以来、第1級の首位の座を維持し続ける、ボルドー五大シャトーの筆頭ともいうべき存在。バランスの取れたエレガントな味わいで、気品にあふれている。

### シャトー・ラトゥール

"不作知らず" とも呼ばれるほど、毎年安定したワインを生むシャトー。「年月が経つほど良くなる」と賞賛され、しっかりとした骨格を持つ、長期熟成に強い荘厳な味わいが魅力。

### シャトー・ムートン・ロスチャイルド

1973年の格付けで、第2級から第1級へと昇格したシャトー。ラベルは、毎年その時代を代表する著名な画家が手掛けていて、ワイン愛好家の中にはコレクターも多い。

### シャトー・マルゴー

「フランスワインの女王」と呼ばれるボルドーワインの中でも、最も女性的なニュアンスが強いワイン。文豪ヘミングウェイが愛したことでも知られ、小説『失楽園』にも登場。

### シャトー・オー・ブリオン

メドック地区以外から唯一選ばれたグラーヴ地区のシャトー。1814年に催されたウィーン会議の晩餐会で出され、"フランスを救った救世主" と称された。

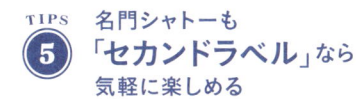

## TIPS 5 名門シャトーも 「セカンドラベル」なら 気軽に楽しめる

セカンドラベルとは、シャトー名を冠した最上級品であるファーストラベルの水準まで惜しくも届かなかったワインや、若い樹のブドウから造られるワインのことを指す。名門シャトーのワインながら比較的リーズナブルな価格で手に入るので、ボルドーワイン入門にもぴったりだ。

## TIPS 6 ワインを飲みながら走れる 「メドックマラソン」が 開催される

一流シャトーが集まるメドック地区で開催される「メドックマラソン」。ブドウ畑とシャトーの中を走り抜ける42.195kmのフルマラソンでは、途中20ヵ所を超える給水ポイントでワインが振る舞われるのが恒例だ。ワインのほかに、生ガキやステーキ、アイスクリームなど、フレンチのコース料理のように食事が提供され、お祭り気分で楽しめる。世界各地からワイン好きが訪れ、日本人参加者も多い。

## TIPS 7 赤ワインだけじゃない！ 辛口白と貴腐ワインも 一級品！

ボルドーは赤ワインの印象が強いが、グラーヴ地区で造られるソーヴィニヨン・ブラン主体のコクのある白ワインや、アントル・ドゥ・メール地区の辛口白ワインも見逃せない。また、ソーテルヌ地区の貴腐ワインは、世界三大貴腐ワインの一つに数えられている。

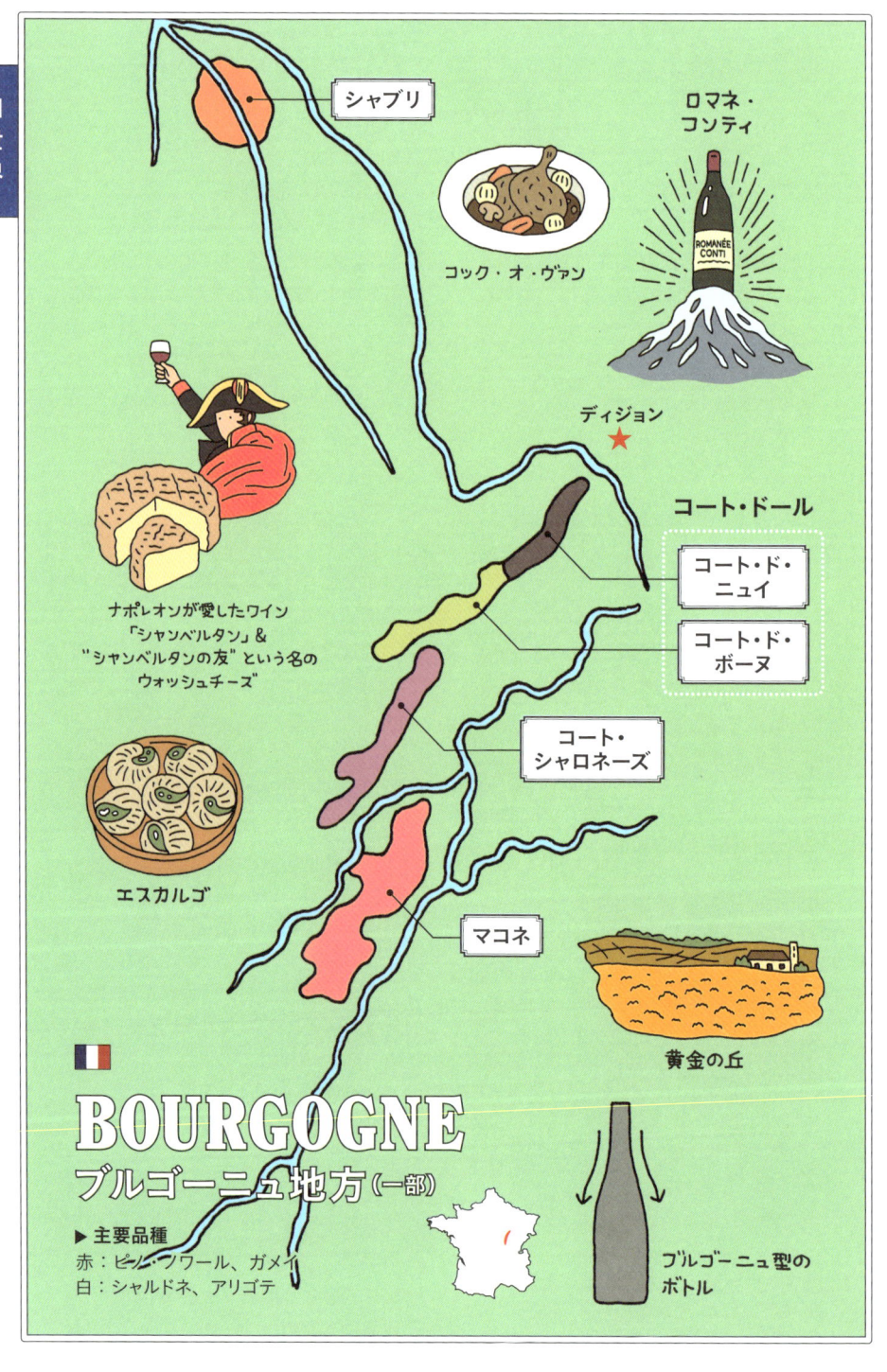

シャブリ

コック・オ・ヴァン

ロマネ・
コンティ

ROMANÉE
CONTI

ディジョン
★

コート・ドール

コート・ド・
ニュイ

コート・ド・
ボーヌ

ナポレオンが愛したワイン
「シャンベルタン」＆
"シャンベルタンの友"という名の
ウォッシュチーズ

コート・
シャロネーズ

エスカルゴ

マコネ

黄金の丘

# BOURGOGNE
## ブルゴーニュ地方（一部）

▶ 主要品種
赤：ピノ・ノワール、ガメイ
白：シャルドネ、アリゴテ

ブルゴーニュ型の
ボトル

# ブルゴーニュのワイン話

## TIPS 1 「ロマネ・コンティ」の 聖地ブルゴーニュは 小さな畑と造り手だらけ

ブルゴーニュは、畑が細分化されていて、さらにその小さな畑を複数の造り手が所有しているケースがほとんど。生産体制も、ドメーヌと呼ばれる小規模生産者が多く、醸造施設を持たない栽培家のブドウはネゴシアンが買い付けて醸造する。数少ない単独所有畑のモノポールでは、「ドメーヌ・ド・ラ・ロマネコンティ」が所有する畑「ロマネコンティ」が有名だ。

### ドメーヌ
自社畑を持ち、栽培と醸造を両方行う。小規模生産の造り手が多い。

### ネゴシアン
自社畑を持たず、買い付けたブドウでワインを醸造する。

### モノポール
細分化されておらず、1つのメーカーが畑を単独所有している。

## TIPS 2 ブルゴーニュは 旧世界ながら、 「単一ワイン」がメイン

ブルゴーニュでは基本的に、赤ワインならピノ・ノワール、白ワインならシャルドネを使用し、単一品種で造られることが多い。不作など自然の影響をモロに受けやすい一方で、ブドウの良さがワインに強く反映されるため、テロワールの個性を十分に感じられるワインに仕上がる。特に赤ワインは、鮮やかな色味が美しく、タンニンは控えめですっきりとした酸味を楽しめるエレガントな味わいが特徴。また、白ワインも有名で、特にコート・ド・ボーヌ地区にあるモンラッシェ、ムルソー、コルトン・シャルルマーニュの産地で造られるものは、"ブルゴーニュ三大白ワイン"とも呼ばれる。

## TIPS 3 世界的な高級ワインを生む 黄金の丘 「コート・ドール」

「コート・ドール」とは、赤ワインで有名なコート・ド・ニュイ地区と、高級白ワインを量産するコート・ド・ボーヌ地区にまたがる丘陵地帯の呼び名。ブルゴーニュの最高格付けである特級畑「グラン・クリュ」も多い屈指の銘醸地で、ブルゴーニュで最も偉大なワインを生み出す産地として知られる。「コート・ドール」とは、フランス語で"黄金の丘"を意味する。

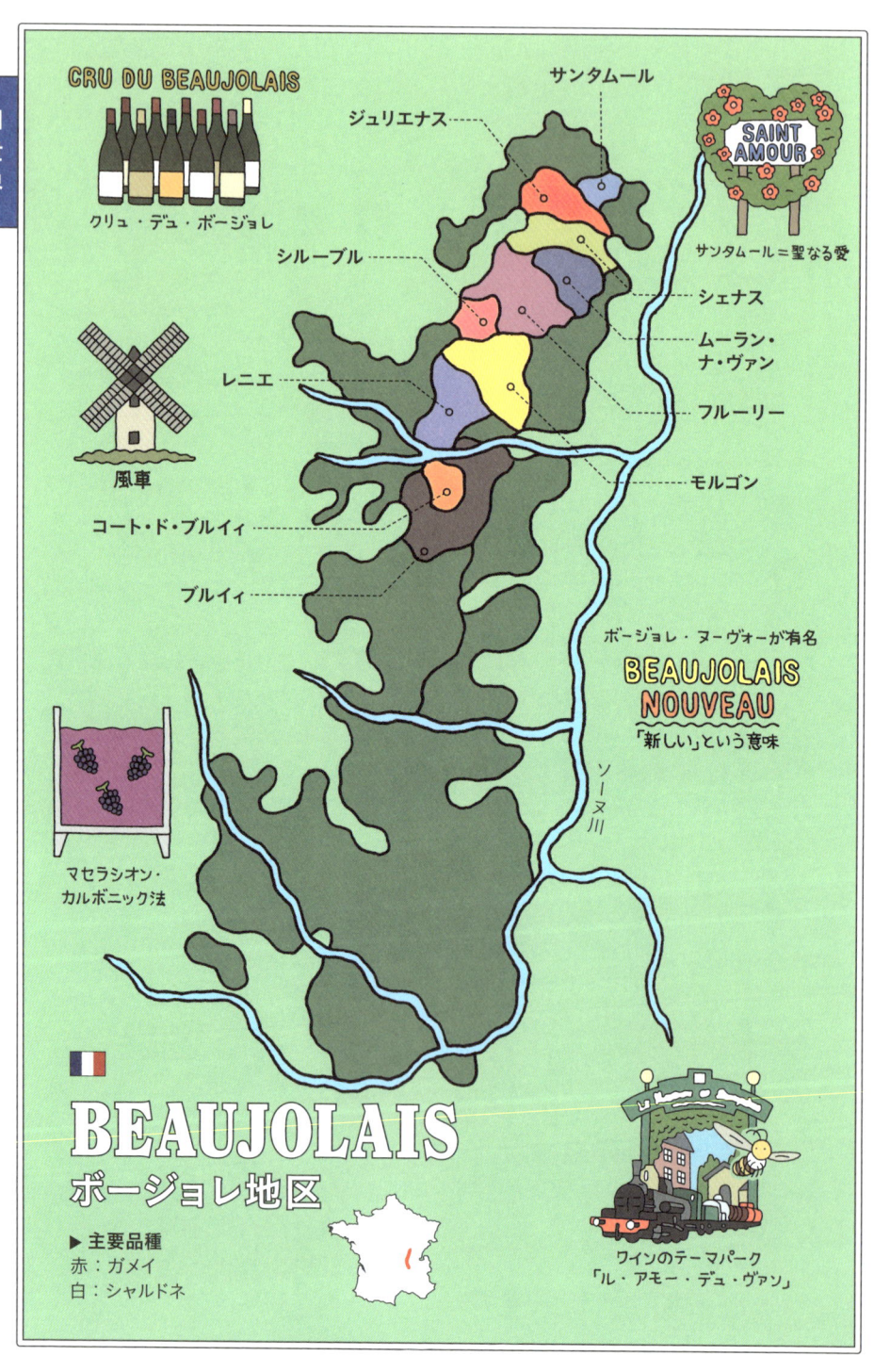

CRU DU BEAUJOLAIS

クリュ・デュ・ボージョレ

サンタムール

ジュリエナス

シルーブル

レニエ

コート・ド・ブルイィ

ブルイィ

SAINT AMOUR

サンタムール＝聖なる愛

シェナス

ムーラン・ナ・ヴァン

フルーリー

モルゴン

風車

マセラシオン・カルボニック法

ボージョレ・ヌーヴォーが有名

BEAUJOLAIS NOUVEAU

「新しい」という意味

ソーヌ川

# BEAUJOLAIS

## ボージョレ地区

▶ 主要品種
赤：ガメイ
白：シャルドネ

ワインのテーマパーク
「ル・アモー・デュ・ヴァン」

# ボージョレのワイン話

### TIPS 1 日本でもおなじみの「ヌーヴォー」はただの新酒じゃない！

収穫したてのガメイから造られる「ボージョレ・ヌーヴォー」は、11月の第3木曜日に解禁されることで有名だ。しかし、単なる新酒と思っている人も多いのでは？ 実は造り方にもこだわっていて、「マセラシオン・カルボニック」という醸造方法を採り入れているのが特徴だ。これは、ブドウを破砕せず、ステンレスタンクにそのまま入れて自然に発酵させる手法で、タンニンが少ない割に色が濃く、渋味や苦味がまろやかで飲みやすいワインに仕上がる。もともとは、ボージョレ周辺の地元住民を中心に親しまれていたデイリーワインだったが、1967年にフランス政府によって解禁日が公式に定められたのをきっかけに、パリのレストランを中心に大ブーム。フレッシュな味わいは日本でも注目を集め、毎年イベントが行われるまでに認知度が上がった。

### TIPS 2 ボージョレの格付けトップ！長期熟成タイプを生む「クリュ・デュ・ボージョレ」

クリュ・デュ・ボージョレとは、ボージョレの土地の中でも特に品質の高いブドウを産出するクリュ（区画）のことで、長期熟成タイプのワインも多く造られている。クリュ・デュ・ボージョレの中で最も南に位置し、最も広い面積を持つブルイィをはじめ、フルーリーやサンタムール、ムーラン・ナ・ヴァンなど、現在は10地区だけがAOC（原産地呼称）を認められている。ちなみに、サンタムールはフランス語で"聖なる愛（愛の聖人）"という意味で、結婚式を挙げるために世界中からカップルが集まる村としても有名だ。

### TIPS 3 ワインのテーマパーク「ル・アモー・デュ・ヴァン」は親子で楽しめる

ボージョレ・ヌーヴォーを世界に広めたことで知られるジョルジュ・デュブッフ氏がプロデュースする、ワインのテーマパーク＆博物館「ル・アモー・デュ・ヴァン」。ワイン造りに関する歴史や製造工程から、ブドウの種類、品質の決め手になる土壌や天候まで楽しく学べるほか、ワイン畑を散策できるのも魅力だ。また、見学の後にワインの試飲やおみやげを買えるショップもあるため、子どもだけでなく大人もたっぷり満喫できる。

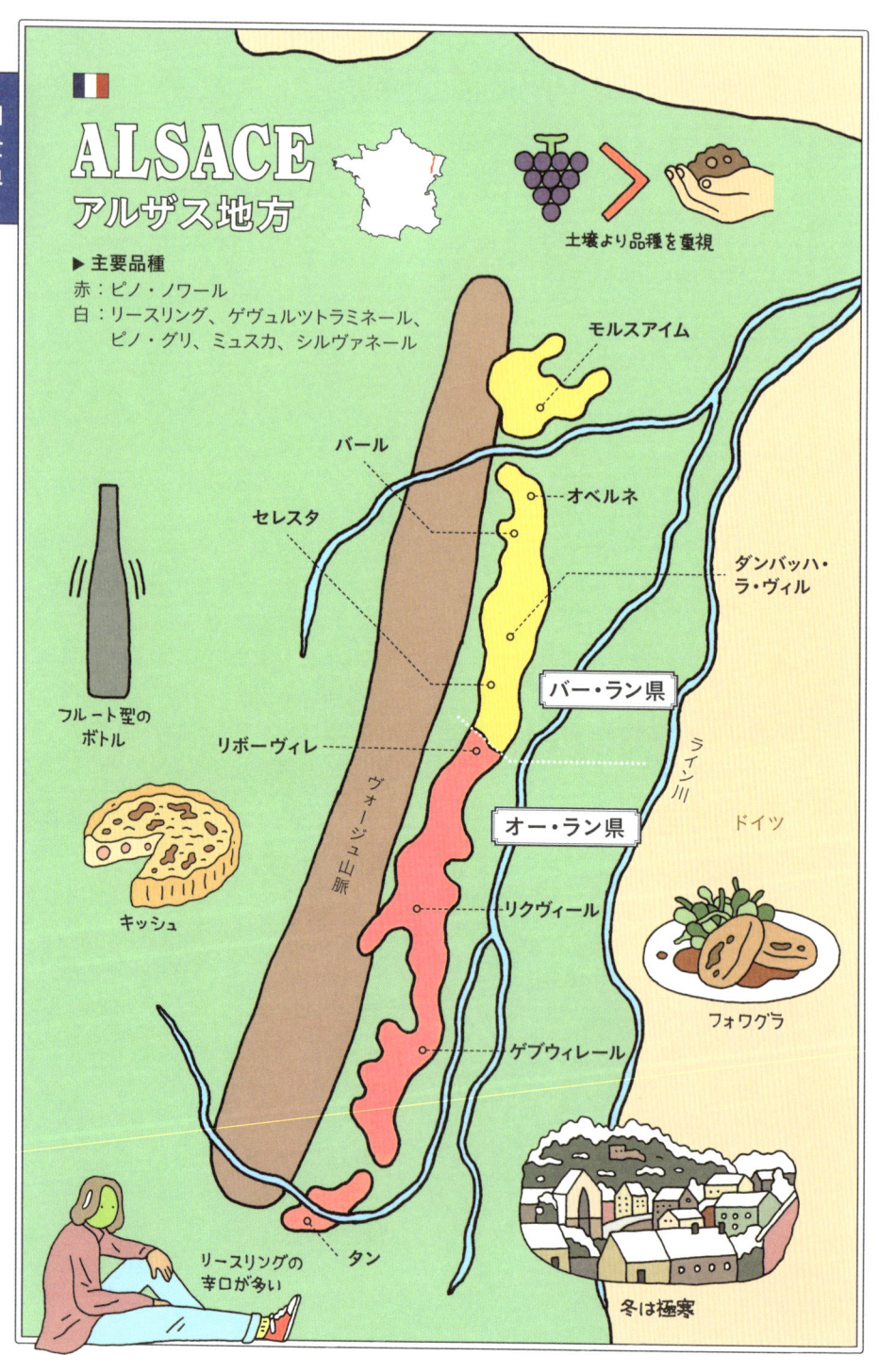

# ALSACE
## アルザス地方

土壌より品種を重視

▶ 主要品種
赤：ピノ・ノワール
白：リースリング、ゲヴュルツトラミネール、
　　ピノ・グリ、ミュスカ、シルヴァネール

モルスアイム

バール

セレスタ

オベルネ

ダンバッハ・
ラ・ヴィル

フルート型の
ボトル

バー・ラン県

リボーヴィレ

オー・ラン県

ヴォージュ山脈

ライン川

ドイツ

キッシュ

リクヴィール

フォワグラ

ゲブウィレール

リースリングの
辛口が多い

タン

冬は極寒

# アルザスのワイン話

【 ワインのツボ 】

**POINT 1**
土壌よりブドウ品種を重視

**POINT 2**
白ワインとオーガニックワインの宝庫

**POINT 3** ドイツと隣接しているため、
ワインが似ている

## TIPS 1 アルザスは、土壌よりブドウ重視！

アルザスは、石灰質や粘土質など多様な地質がモザイクのように入り組んだ土地のため、他の産地と違い、土壌よりも品種を重視したものが多い。特に、アルザスの最高格付け「グラン・クリュ」では、白ブドウの4品種に限定した単一品種のワインしか認められていないので、下記の4品種を押さえればOK。

### リースリング
アルザスの主要品種。ミネラル感のある上品な酸味が特徴。

### ゲヴュルツトラミネール
熟しやすく、華やかな香りが特徴。個性の強い甘口ワインが造られる。

### ピノ・グリ
ボリューム感のある酸味とハチミツのような甘い香りを持つ。

### ミュスカ
ライトな辛口ワインに使用される。爽やかでみずみずしく、酸味は低め。

## TIPS 2 アルザスといえば、個性豊かな白ワイン＆オーガニックワイン

アルザスで造られるワインの90％以上が白ワイン。リースリングやゲヴュルツトラミネールなど、さまざまな種類の白ブドウが栽培されており、個性豊かな白ワインがそろう。また、オーガニックワインを手掛ける生産者が多く、天然酵母を使用し、発酵や熟成に長年使用された大樽を用いるなど、ゆっくりと自然に任せて造る伝統的な造り手もいる。そうして生まれたアルザスワインは、フレッシュな酸味と果実味が生きた個性的な味わいに仕上がる。

## TIPS 3 アルザスワインは、ドイツとそっくり！ でも、辛口が主体

フランスの北東部にあるアルザスは、シャンパーニュと並んでフランスの最北端に位置する寒い地域。ライン川を挟んでドイツと国境を接していることから、リースリングなど栽培する品種が似ていたり、ボトルもドイツと似たフルート型だったりと、ドイツワインと似た部分が多いのが特徴だ。ただし、ドイツワインが甘口主体なのに対し、アルザスワインは辛口主体。造り方はあくまでフランス寄りで、単一品種でシンプルに造られるので、透明感がありみずみずしく、ミネラル感と品種の個性をたっぷりと楽しめる。

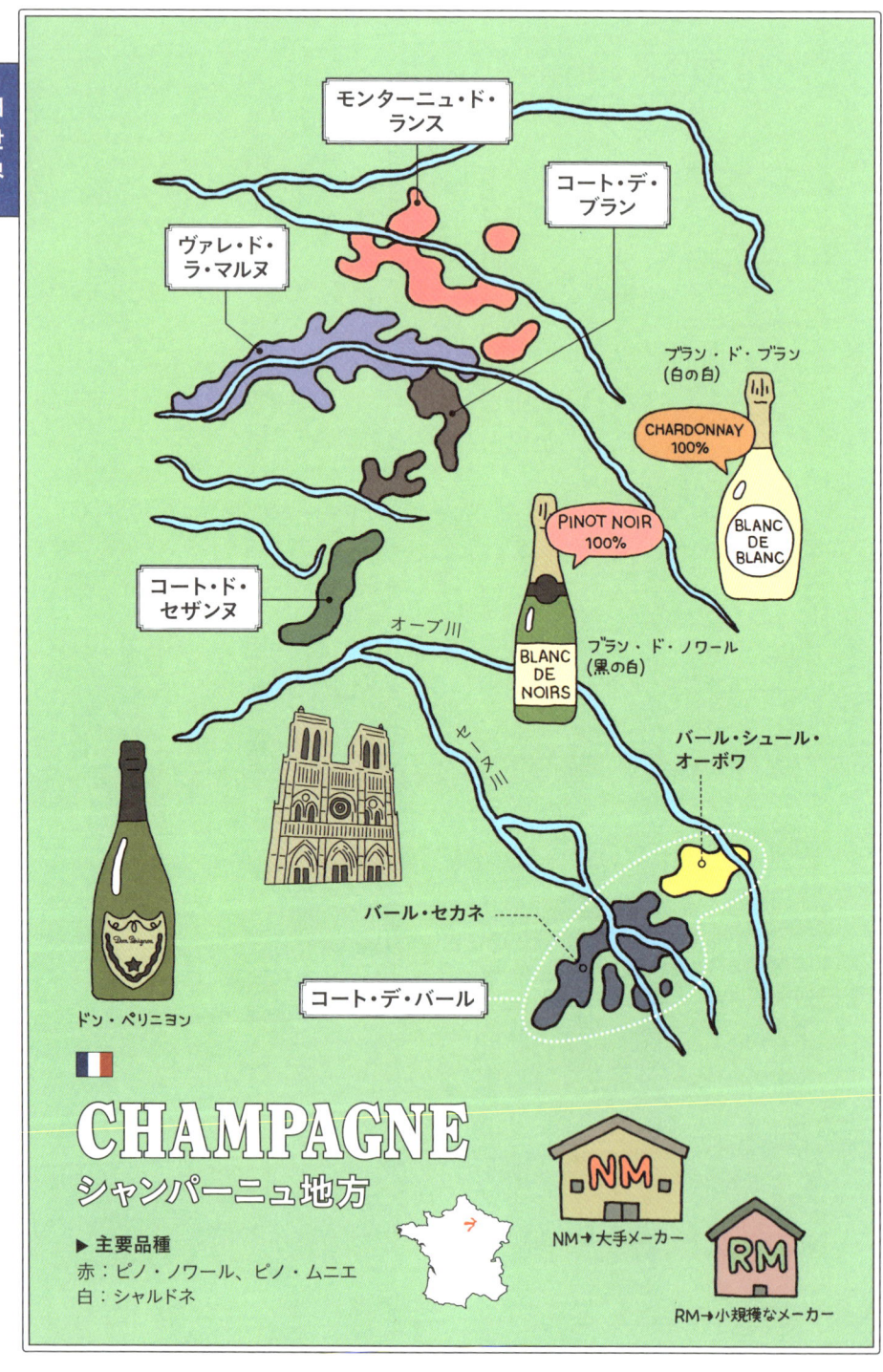

# シャンパーニュのワイン話

## 【 ワインのツボ 】

**POINT 1** 厳しいルールをクリアした
ものだけがシャンパーニュになれる

**POINT 2**
シャンパーニュはグレードが3つある

**POINT 3** 造り手は規模によって
「NM」と「RM」の2タイプ

## TIPS 1 スパークリングワインの王者 シャンパーニュは ルールが厳しすぎ!?

シャンパーニュとは、シャンパーニュ地方で特定のブドウ品種を使い、シャンパーニュ方式（P24）で造られたスパークリングワインのこと。ブドウは、シャルドネ、ピノ・ノワール、ピノ・ムニエの3種類のみと決まっていて、熟成期間や炭酸の強さに関しても細かいルールがある。厳しい条件をクリアしたものだけがシャンパーニュを名乗ることができるため、基本的に「質の悪いシャンパーニュ」は存在しない。

### シャンパーニュの条件

- フランスのシャンパーニュ地方で造る
- ブドウは、決められた
  3品種のみを使用する（シャルドネ、ピノ・ノワール、ピノ・ムニエ）
- 手摘みで収穫すること
- 瓶内二次発酵を行うこと
- ガス圧が5気圧以上であること
- 規定の熟成期間を経過させること

## TIPS 2 シャンパーニュには 3つのグレード がある

一般的なシャンパーニュは、複数の収穫年の原酒をブレンドした「ノンヴィンテージシャンパーニュ」と呼ばれるもの。これより格上なのが、ブドウの出来が良かった年にのみ生産され、その年のブドウだけで造られる「ヴィンテージシャンパーニュ（ミレジメ）」だ。この2種類に加えて覚えておきたいのが、極上のブドウを使い、造り手が威信をかけて造る最上級ランクの「プレステージシャンパーニュ」。「ドン ペリニヨン」など、有名ブランドも多い。

## TIPS 3 造り手は 「NM」と「RM」の 大きく2タイプ

シャンパーニュ地方には、「ネゴシアン・マニピュラン」という大手の造り手が多いが、小規模な生産者「レコルタン・マニピュラン」も人気を集めている。ボトルに表示される略号を確認しよう。

### ネゴシアン・マニピュラン（NM）

大手の生産者。原料のブドウやワインの原酒を自社畑だけではなく他からも仕入れて醸造する。

### レコルタン・マニピュラン（RM）

栽培から醸造までを自社で行う小規模な生産者。自社畑のブドウのみで造るため、個性的な味わいが楽しめる。

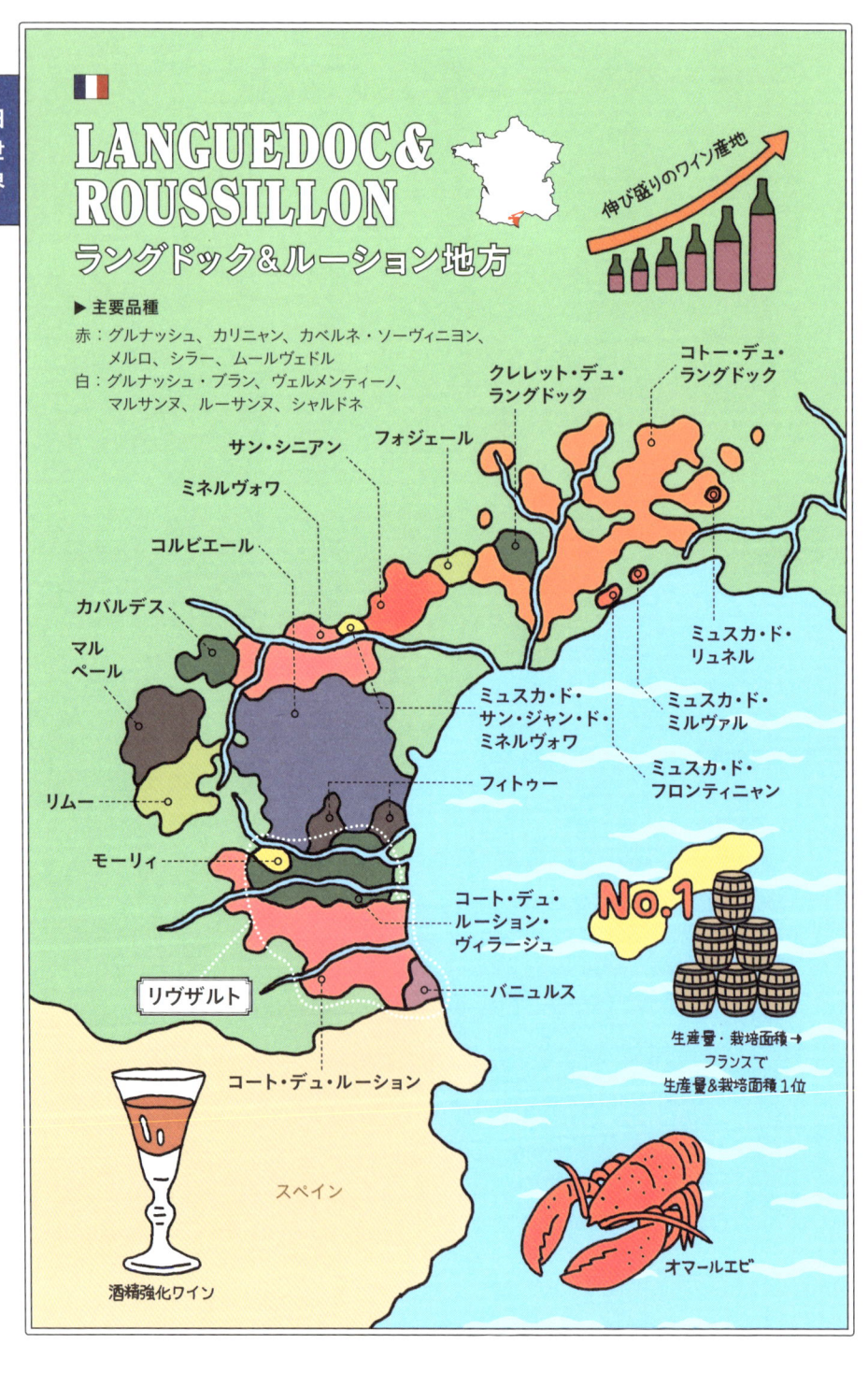

# LANGUEDOC& ROUSSILLON

## ラングドック&ルーション地方

▶ 主要品種

赤：グルナッシュ、カリニャン、カベルネ・ソーヴィニヨン、
　メルロ、シラー、ムールヴェドル
白：グルナッシュ・ブラン、ヴェルメンティーノ、
　マルサンヌ、ルーサンヌ、シャルドネ

伸び盛りのワイン産地

クレレット・デュ・ラングドック

コトー・デュ・ラングドック

サン・シニアン

フォジェール

ミネルヴォワ

コルビエール

カバルデス

マルペール

リムー

モーリィ

ミュスカ・ド・リュネル

ミュスカ・ド・サン・ジャン・ド・ミネルヴォワ

ミュスカ・ド・ミルヴァル

ミュスカ・ド・フロンティニャン

フィトゥー

コート・デュ・ルーション・ヴィラージュ

リヴザルト

バニュルス

No.1

生産量・栽培面積 →
フランスで
生産量&栽培面積1位

コート・デュ・ルーション

スペイン

酒精強化ワイン

オマールエビ

# ラングドック&ルーションの ワイン話

【 ワインのツボ 】

**POINT 1** 安くておいしいワインが
多い、フランスの穴場的産地
**POINT 2** 栽培面積も生産量も
フランストップクラス
**POINT 3**
酒精強化ワイン「VDN」が有名

## TIPS 1

テーブルワインなど
**カジュアルワインが**
ほとんど！

ラングドック＆ルーション地方で造られるワインの大半は、気軽に楽しめる「ヴァン・ド・ペイ（IGP）」と呼ばれるテーブルワイン。「ペイ・ドック」とも呼ばれ、リーズナブルでおいしいワインが手に入る産地として知られている。典型的な地中海気候であることから、この地方では伝統的にグルナッシュやカリニャンといった南部でよく栽培されるブドウ品種が育てられ、力強い赤ワインを多く生み出している。一方で、近年シラーやカベルネ・ソーヴィニヨン、メルロなどを使った高級志向のワインを造る動きも広がっていて、そちらも注目だ。ラングドック＆ルーションで造られるワインは、チビチビと味わって飲むというより、気の合う仲間とパーっと飲むときにぴったりのワイン。フランスワインの中でも穴場的な存在なので覚えておこう。

## TIPS 2

フランスで
**最も栽培面積が大きく、**
**生産量もトップを誇る**

プロヴァンス西部から地中海沿岸の平地に広がるのがラングドック地方、そこからさらに西に向かったスペインとの国境に接するピレネー山脈の山裾の丘陵地に拓かれているのがルーション地方だ。2つの地域はいずれも日照量に恵まれた地域で、ブドウ栽培に適した乾燥した気候を有し、フランスワイン全体の40％以上を生産するとも言われるワインの一大産地。年々生産量を伸ばしていることもあって、フランスで最も成長しているワイン産地としても注目を集めている。

## TIPS 3

**酒精強化ワイン**
**「VDN」は**
チョコレートと相性抜群！

多彩なワインを生むラングドック＆ルーション地方では、酒精強化ワインも高い評価を受けている。特に有名なのが、バニュルスの「ヴァン・ドゥ・ナチュレル（VDN）」と呼ばれる甘口の酒精強化ワイン。醸造工程で発酵中にブランデーなどのアルコールを添加することで発酵を停止し、天然の糖分がワインの中に残るようにして造られる。日本では、バレンタインシーズンにチョコレートとのマリアージュがプロモーションされたことで、一気に知名度が上がった。

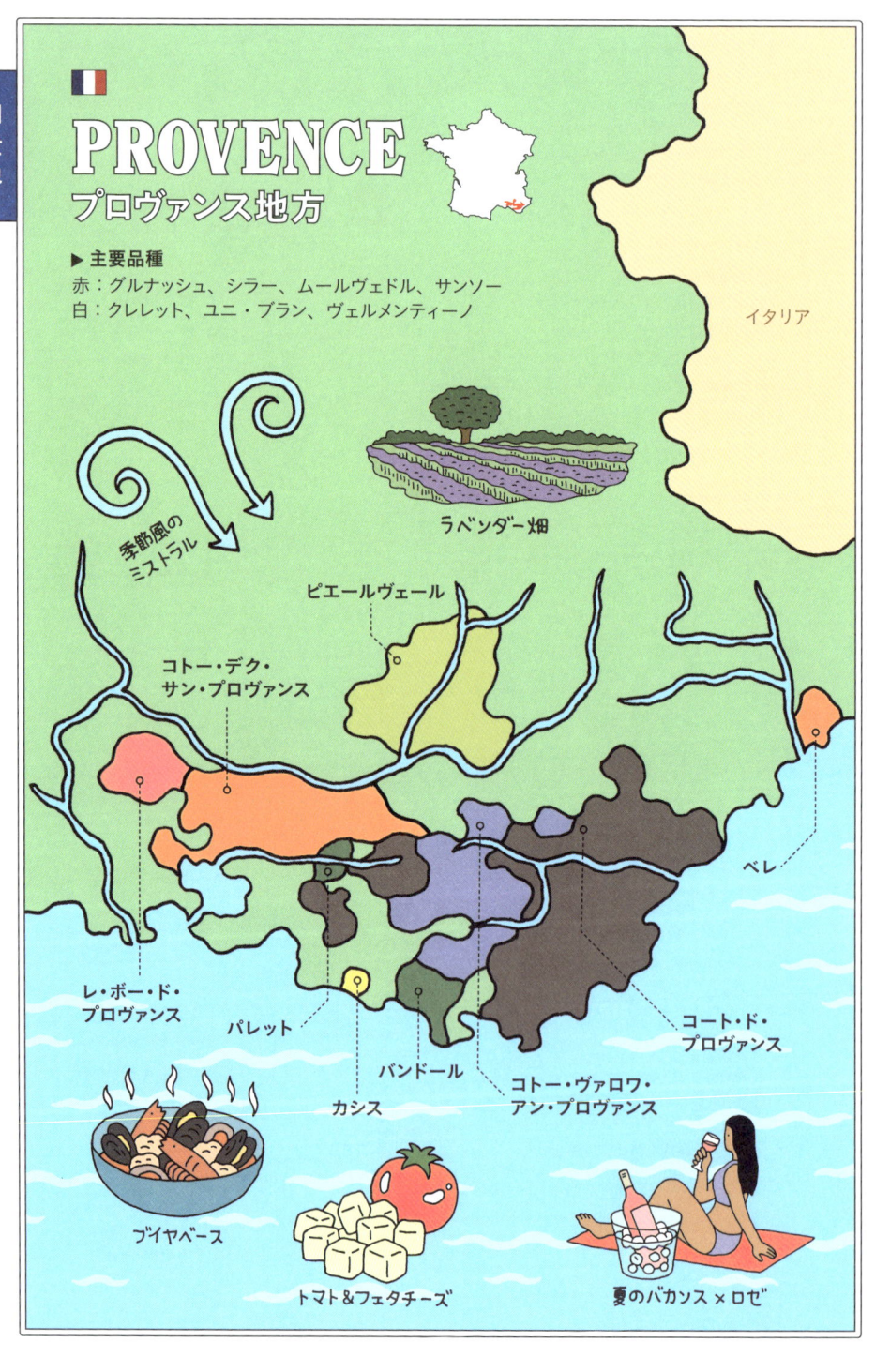

# PROVENCE
## プロヴァンス地方

イタリア

▶ 主要品種
赤：グルナッシュ、シラー、ムールヴェドル、サンソー
白：クレレット、ユニ・ブラン、ヴェルメンティーノ

季節風の
ミストラル

ラベンダー畑

ピエールヴェール

コトー・デク・
サン・プロヴァンス

ベレ

レ・ボー・ド・
プロヴァンス

コート・ド・
プロヴァンス

パレット

バンドール

カシス

コトー・ヴァロワ・
アン・プロヴァンス

ブイヤベース

トマト&フェタチーズ

夏のバカンス×ロゼ

# プロヴァンスのワイン話

### TIPS 1 夏のバカンスにぴったり！ロゼといえば、プロヴァンス

フランスのロゼ生産量の約40％を占めると言われ、世界一のロゼ生産地とも称されるプロヴァンス。その中でも最も広大で有名な産地といえば、コート・ド・プロヴァンスだ。この地域は、プロヴァンスのロゼの約3/4を生産しており、一般的に辛口タイプが多く、フルーティーで早飲みに適しているのが特徴だ。その他にも、タンニンが豊かなコクのあるバンドールのロゼや、フローラルな香りが印象的なベレのロゼなど、土地ごとに多彩なロゼを楽しめるので飲み比べるのも楽しい。プロヴァンスのロゼは、夏の暑い日にキリッと冷やして飲むのがおすすめ。料理とも合わせやすく、サラダなどの前菜とともに食前酒として飲んだり、プロヴァンスの名産品として知られるトマトや、山羊や羊のフェタチーズと合わせてもおいしくいただける。

### TIPS 2 有機栽培を採り入れているオーガニックワインの造り手が多い

プロヴァンスは気温が高く乾燥した地中海性気候で、日照にも恵まれていることもあり、ブドウ栽培に適している。そのため、特別なことをしなくても良質なブドウが育つとあって、有機栽培を採り入れているオーガニックワインの造り手が多い。ブドウは土着の品種が多く、黒ブドウならグルナッシュやシラー、ムールヴェドル、サンソー、白ブドウならクレレット、ユニ・ブラン、ヴェルメンティーノなどがある。プロヴァンスはロゼが席巻しているが、太陽をいっぱいに浴びた果実味あふれる赤ワインや、キリッと爽やかな白ワインなど、テロワールを反映した隠れた名ワインもあるので探してみよう。

### TIPS 3 地方風「ミストラル」はブドウ栽培に打撃を与えることも

ミストラルとは、大西洋から吹き込む西風が、アルプス山脈にぶつかって吹き下ろし、冷たく激しい北風へと姿を変えたもの。ときに立っていることができなくなるほど強烈に吹きつけ、気温が一気に低下し悪天候を招くので、ブドウへの影響も大きい。一方で、ミストラルは空気を乾燥させてくれる一面があり、病気からブドウを守り、健やかに保ってくれる働きも。

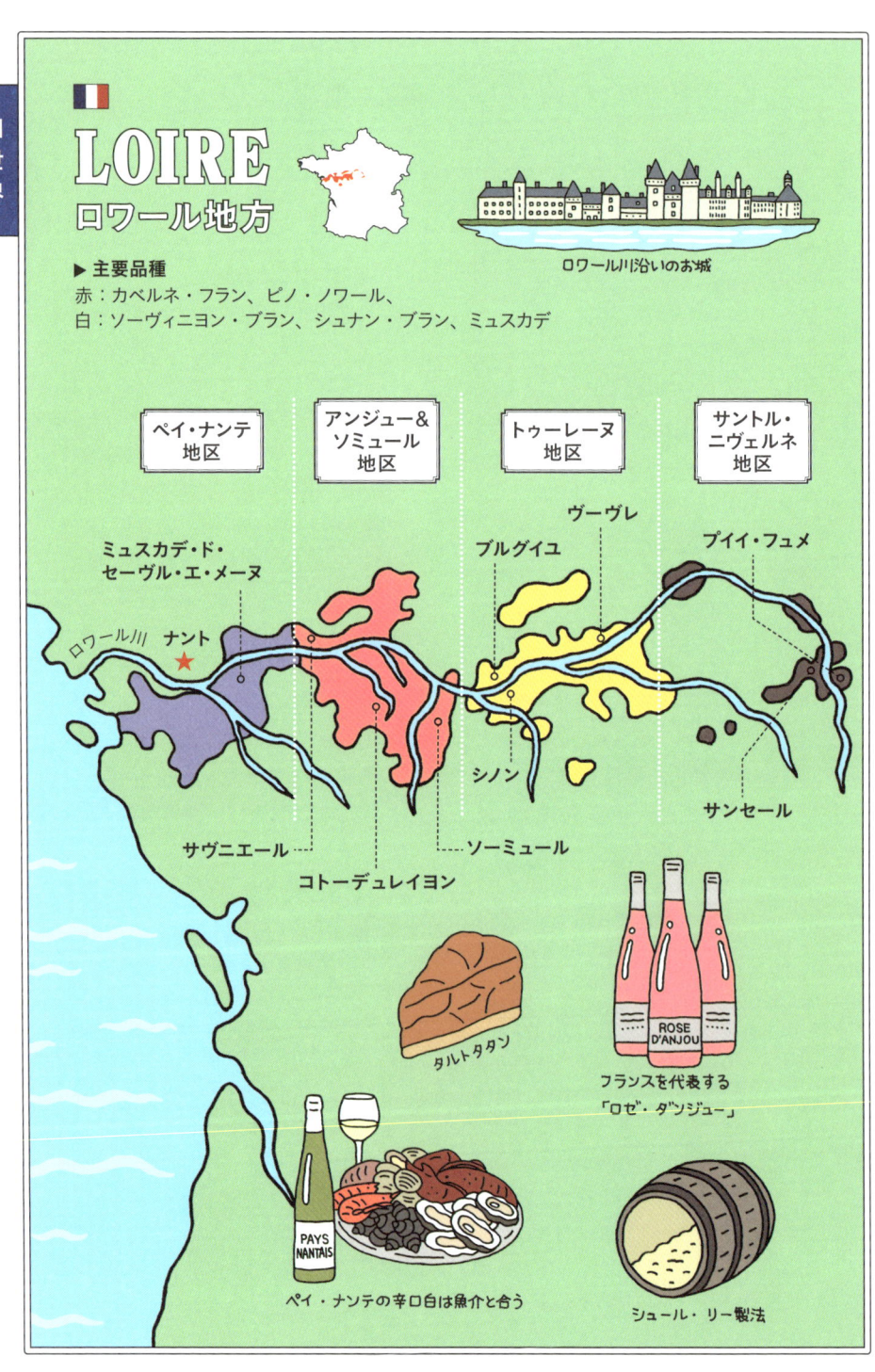

# LOIRE
## ロワール地方

ロワール川沿いのお城

▶ 主要品種
赤：カベルネ・フラン、ピノ・ノワール、
白：ソーヴィニヨン・ブラン、シュナン・ブラン、ミュスカデ

ペイ・ナンテ
地区

アンジュー＆
ソミュール
地区

トゥーレーヌ
地区

サントル・
ニヴェルネ
地区

ヴーヴレ

ミュスカデ・ド・
セーヴル・エ・メーヌ

ブルグイユ

ブイイ・フュメ

ロワール川　ナント

サヴニエール

シノン

サンセール

コトーデュレイヨン

ソーミュール

タルトタタン

フランスを代表する
「ロゼ・ダンジュー」

ROSE
D'ANJOU

PAYS
NANTAIS

ペイ・ナンテの辛口白は魚介と合う

シュール・リー製法

# ロワールのワイン話

【 ワインのツボ 】

**POINT 1**
あらゆるタイプのワインがそろう

**POINT 2** ロワールの四大ロゼをはじめ、
個性的なロゼが多い

**POINT 3** シュール・リーで造られる
辛口白ワインが有名

## TIPS 1 美食の宝庫ロワール！
ワインも赤、白、ロゼ、泡
全てがそろう

全長1,000kmを超すフランス最長の
ロワール川の中流から下流域にかけて
広がるロワール。関東地方ほどもある
広大な地域を有するゆえに、土壌や地
形、気候などさまざまなテロワールが
あり、赤、白、ロゼ、貴腐ワイン、ス
パークリングワイン……とバラエティ
豊かなワインを生み出すことで知られ
る。主に、ペイ・ナンテ地区、アンジ
ュー＆ソミュール地区、トゥーレーヌ
地区、サントル・ニヴェルネ地区の4
地区で構成され、土地ごとに異なる個
性を発揮している。また、ロワールは
農産物に恵まれた地域でもあり、ウナ
ギやスズキ、カワカマスなどの川魚や
ジビエも絶品で、ソーミュールはキノ
コの名産地としても名高い。そんな美
食の集う地域とあってか、ワインはフ
レッシュで爽快な味わいのものが多く、
和食にも合わせやすい。

## TIPS 2 ロワールの四大ロゼ
「ロゼ・ダンジュー」をはじめ
個性派ロゼが目白押し

甘口のロゼワインと言えば、ロワール
の「ロゼ・ダンジュー」というほどポ
ピュラーな存在。ほのかな甘みとまろ
やかな味わいが魅力だ。ロワールの“四
大ロゼワイン”には「ロゼ・ダンジュー」
のほか、ジューシーな「カベルネ・ダ
ンジュー」や辛口の「カベルネ・ド・
ソーミュール」、ラズベリーのような
チャーミングな香りの「ロゼ・ド・ロ
ワール」など個性豊かな顔がそろう。

### ロワールの四大ロゼワイン

● ロゼ・ダンジュー（甘口）
● カベルネ・ダンジュー（甘口）
● カベルネ・ド・ソーミュール（辛口）
● ロゼ・ド・ロワール（辛口）

## TIPS 3 ペイ・ナンテは
「シュール・リー」で
造る辛口白ワインが有名

ペイ・ナンテ地域は、ミュスカデを使
った辛口白ワインが有名。古くからシ
ュール・リーという製法を用いて、発
酵後に澱引きせず、ワインと澱をタン
クの中で長期間接触させて造るのが特
徴だ。澱に含まれるうま味がワインに
溶け込み、奥行きのある味わいに仕上
がる。海に近いこともあって、魚介料
理と相性抜群だ。

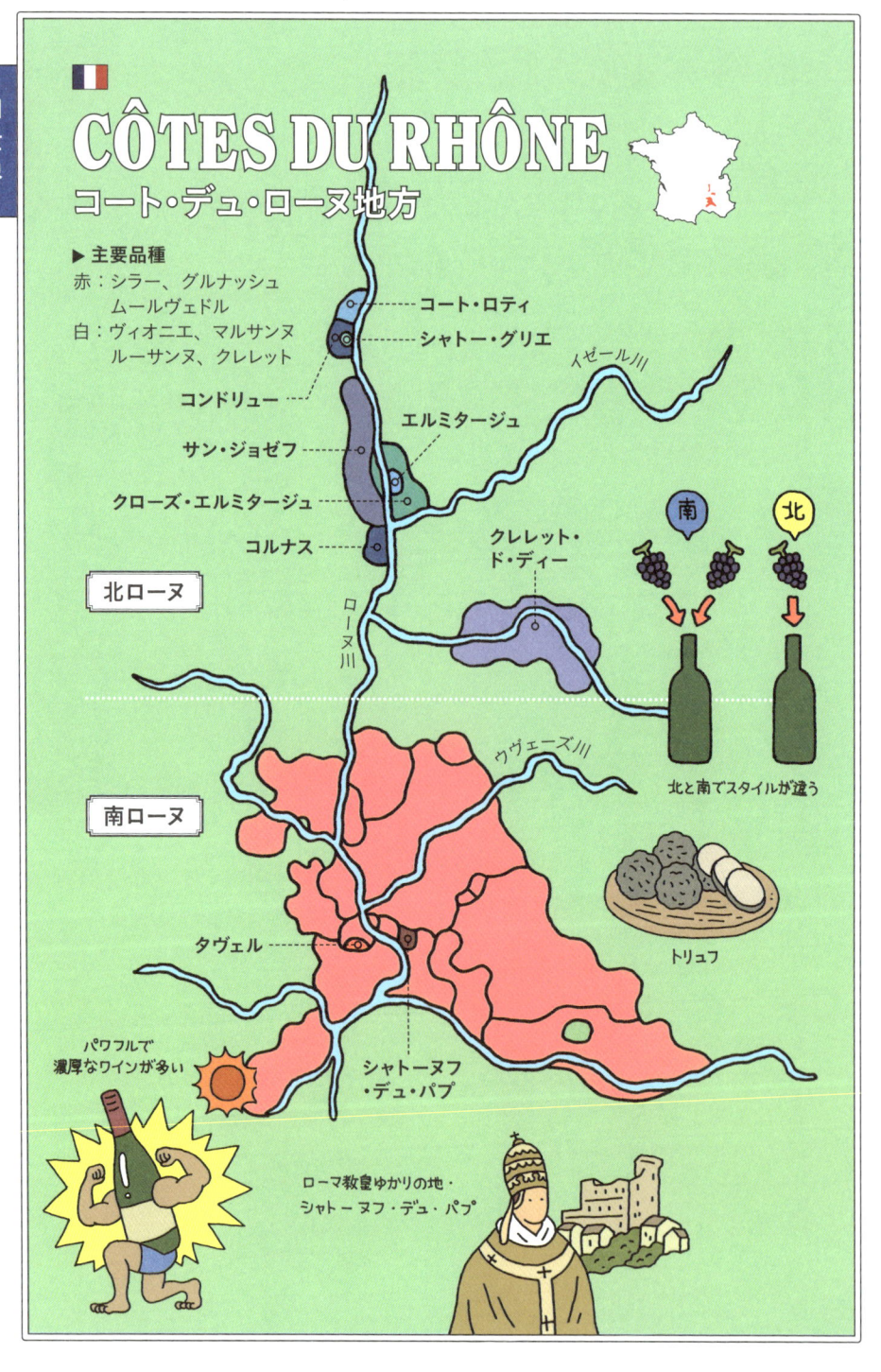

# コート・デュ・ローヌのワイン話

## 【 ワインのツボ 】

**POINT 1** 北ローヌは単一品種のワイン、南ローヌはブレンドワインが中心

**POINT 2** ローマ教皇ゆかりのワインの産地がある

**POINT 3** わらの上でブドウを乾燥させて造る珍しい甘口ワインがある

 **TIPS 1** 「北ローヌ」は単一品種、「南ローヌ」はブレンド

南北に長いコート・デュ・ローヌは、北と南で気候や土壌が大きく異なり、ワインのスタイルが全く違うのが特徴。北部は、日照量が多い地域で、ローヌ河岸の急斜面に畑があり、太陽をたっぷり浴びたブドウが育つため、スパイシーで野生的な赤ワインができる。一方、南部は丘陵地帯が広がり、栽培面積も広いためローヌワインの生産の大半を担っている。ブレンドワインが主体で、丸みのある味わいのものが多い。

### 北ローヌ

単一品種のワインが多い。川沿いの斜面に畑があり、ヴィオニエの辛口白ワインやシラー主体の赤ワインなど個性豊か。

### 南ローヌ

主にブレンドワインを生産。ブドウ畑は広い平地に広がっていて、ローヌワインの大部分を担っている。

 **TIPS 2** ローマ教皇ゆかりの産地「法王の新しい城」

コート・デュ・ローヌで最も知名度が高いと言える産地、シャトーヌフ・デュ・パプ。フランス語で「法王の新しい城」という意味で、14世紀に法王庁がアヴィニョンに移された後、教皇ヨハネス22世がこの地に館を構えたことに由来する。この出来事をきっかけにワイン造りが奨励され、ブドウ栽培が発展していったとも言われている。ちなみに、シャトーヌフ・デュ・パプで造られるワインの9割以上は、グルナッシュ主体の赤ワイン。コート・デュ・ローヌのワインの中でも、より果実味が際立った味わいで、ほど良い酸味とブレンドによる複雑味が特徴だ。

 **TIPS 3** エルミタージュには陰干しブドウを使った珍しい甘口ワインがある

ローヌ北部のエルミタージュでは、「ヴァン・ド・パイユ」と呼ばれる珍しい甘口ワインがある。これは、収穫したブドウをわらの上で6週間以上かけて乾燥させ、水分を飛ばして糖度を凝縮させた後、ゆっくりと1年にわたって発酵させ、さらに2〜5年かけて熟成させたもの。手間ひまかけて造られる「ヴァン・ド・パイユ」は"わらワイン"とも呼ばれ、フランスではローヌとジュラだけで造られている。

ジビエ

カオールの
黒ワイン

極甘口

極甘口も多い

ベルジュ
ラック地区

ベルジュラック

CAHORS

カオール

コート・デュ・
マルマンデ

ロット川

ビュゼ

ピレネー地区

ガイヤック

トゥールーズ・
アヴェイロネ・
中央山塊地区

ベアルン

ガロンヌ地区

イルレギー

ジュランソン      マディラン

# SUD-OUEST
## 南西地方

バラ色の街「トゥールーズ」

▶ 主要品種
赤：カベルネ・ソーヴィニヨン、メルロ、
　　カベルネ・フラン、マルベック
白：ソーヴィニヨン・ブラン、
　　セミヨン、ミュスカデル

スペイン

ソムリエナイフの
生産で有名

# 南西地方のワイン話

## 【 ワインのツボ 】

**POINT 1** 手頃な価格で楽しめる、良質なワインの穴場

**POINT 2** インパクト抜群の濃厚すぎる「黒ワイン」がある

**POINT 3** ソムリエナイフが生まれた場所と言われている

## TIPS 1 ボルドーの南に隠れたリーズナブルで良質なワインの宝庫

ボルドーからさらに南に広がる南西地方は、トリュフ、フォアグラ、キャビアなど高級食材の名産地として世界的に有名な地域。ワインに関しては、知名度はあまり高くないが、高品質なワインが多い。日本ではなかなか耳にすることのない地名が多いが、手頃な価格でおいしいワインが楽しめる穴場。今後ますます注目を集めるだろう。

## TIPS 2 ピレネー山脈の麓では至上の甘口ワインが生まれる

ピレネー山脈の麓にあるジュランソンは、極上の甘口ワインが造られる地域。水分が抜け、糖度が増した遅摘みのブドウを使っていて、ハチミツのような極甘口のワインは、デザート代わりの食後酒はもちろん、この地方の名産品であるフォアグラやトリュフなどと合わせても素晴らしいマリアージュを楽しむことができる。

## TIPS 3 カオールには強くて濃厚な「黒ワイン」がある

カオールといえば、"黒ワイン（ブラックワイン）"とも呼ばれる赤ワイン。名前の通り、グラスの向こう側が見えないほどの濃厚な色味と、パンチのある強烈な味わいが特徴だ。ブドウはマルベック（コットとも呼ばれる）を70％以上使用するように義務付けられていて、ベリーのスパイシーな香りと凝縮された果実の甘みがあり、力強いボディとは裏腹に、さっぱりとした口当たり。鴨やイノシシなど、名産品のジビエと合わせても好相性だ。

## TIPS 4 ソムリエナイフなど、刃物製造でも有名

カオールからロット川を上流に向かった先に、世界的に有名なソムリエナイフを生んだラギオール（ライオール）村がある。もともとラギオールナイフはラギオール村の羊飼いが考案したとされ、刃物の製造産業がなかったために近郊の刃物産業の村として名高いティエールで製造されるようになったと言われている。かの有名ブランド「シャトー・ラギオール」もティエールにある。

# ITALY
## イタリア 🇮🇹

▶ ワイン年間生産量：442万2900kL
▶ ブドウ栽培面積：68万9839ha
※2014年 O.I.V 資料参照

イタリアワインの王様「バローロ」
女王「バルバレスコ」

BAROLO

BARBARESCO

フランス

スイス

トレンティーノ・アルト・アディジェ州

ロンバルディア州

ヴァッレ・ダオスタ州

アルプス山脈

ピエモンテ州

エミリア・ロマーニャ州

リグーリア州

トスカーナ州

丘陵が美しい

ラツィオ州

ASTI

甘口スパークリング「アスティ」

サルデーニャ州

コロッセオ

● 山麓地帯
● パダーナ平野地帯
● アドリア海沿岸地帯
● 中部及びティレニア海沿岸地帯
● 地中海の島々

オーストリア

・・・・ ヴェネト州

・・・・・・ フリウリ・ヴェネツィア・ジューリア州

スロベニア

パスタ

ピザ

・・・ マルケ州

・・・ ウンブリア州

・・・ アブルッツォ州

・・・ モリーゼ州

・・・ プーリア州

アペニン山脈

・・・ カンパーニャ州

・・・ バジリカータ州

・・・ カラブリア州

・・・ シチリア州

# PIEMONTE
## ピエモンテ州

スイス

ピエモンテ＝山の麓

▶ 主要品種
赤：ネッビオーロ、
　　バルベーラ、ドルチェット、ブラケット
白：モスカート・ビアンコ、
　　コルテーゼ

ゴルゴンゾーラ

ゲンメ

ガッティナーラ

スキー場

白トリュフ

バルベーラ・ダルバ、
ドルチェット・ダルバ

バルバレスコ

アスティ、
バルベーラ・ダスティ

フランス

バローロ

ガヴィ

野菜のバーニャカウダ

# ピエモンテのワイン話

### TIPS 1 「王のワイン」と「女王のワイン」が双璧をなす

ピエモンテを代表するワインと言えば、「ワインの王であり、王のワインである」と称される高級赤ワインの「バローロ」だ。「バローロ」を名乗るには、バローロ村を含む11の村のいずれかが産地であることや、品種や製造方法などの厳しい基準をクリアすることが定められている。オレンジを帯びたガーネット色で、スミレのような香りがするのも特徴。伝統的な大樽によって醸造されることが多く、淡い色味とは裏腹に、強い酸味と渋味を持つ長期熟成タイプに仕上がる。近年では、華やかな香りと豊かな果実味を持つ早飲みに適したものも生まれていて、多様なタイプが生まれている。また、ピエモンテで「バローロ」と双璧をなすのが「女王のワイン」とも称される「バルバレスコ」。両者はともに、高級ブドウ品種と言われるネッビオーロを使用している。

### TIPS 2 ピエモンテを代表する高級品種「ネッビオーロ」

ピエモンテ州はイタリア最北部の山岳地帯に位置し、北はスイス、西はフランスと国境を接しており、アルプスの険しい山々の麓に広がった地域である。この地は、栽培条件が極めて難しいと言われるネッビオーロの主な産地で、強いタンニンと酸味を持つ長期熟成型の高級ワインを多く生む。他品種とブレンドしたワインもあるが、ほとんどは単一品種を使用したワインで、ブルゴーニュと同様に、単一畑からワインを造る文化が根付いている。また、乳製品や白トリュフなどが特産で、美食の郷としても有名。

### TIPS 3 日本でも有名！甘口スパークリングワイン「アスティ」の産地

日本でもよく見かける甘口スパークリングワイン「アスティ・スプマンテ」の産地がアスティ。白ブドウのモスカート・ビアンコを100％用いて造っていて、イタリアを代表するスプマンテとして人気が高い。また、同品種を使った微発泡性白ワインのことを「モスカート・ダスティ（アスティのマスカット）」と呼ぶ。マスカット特有のフレッシュな甘みが弾ける味わいは、デザートワインとしても人気で、世界中をとりこにしている。

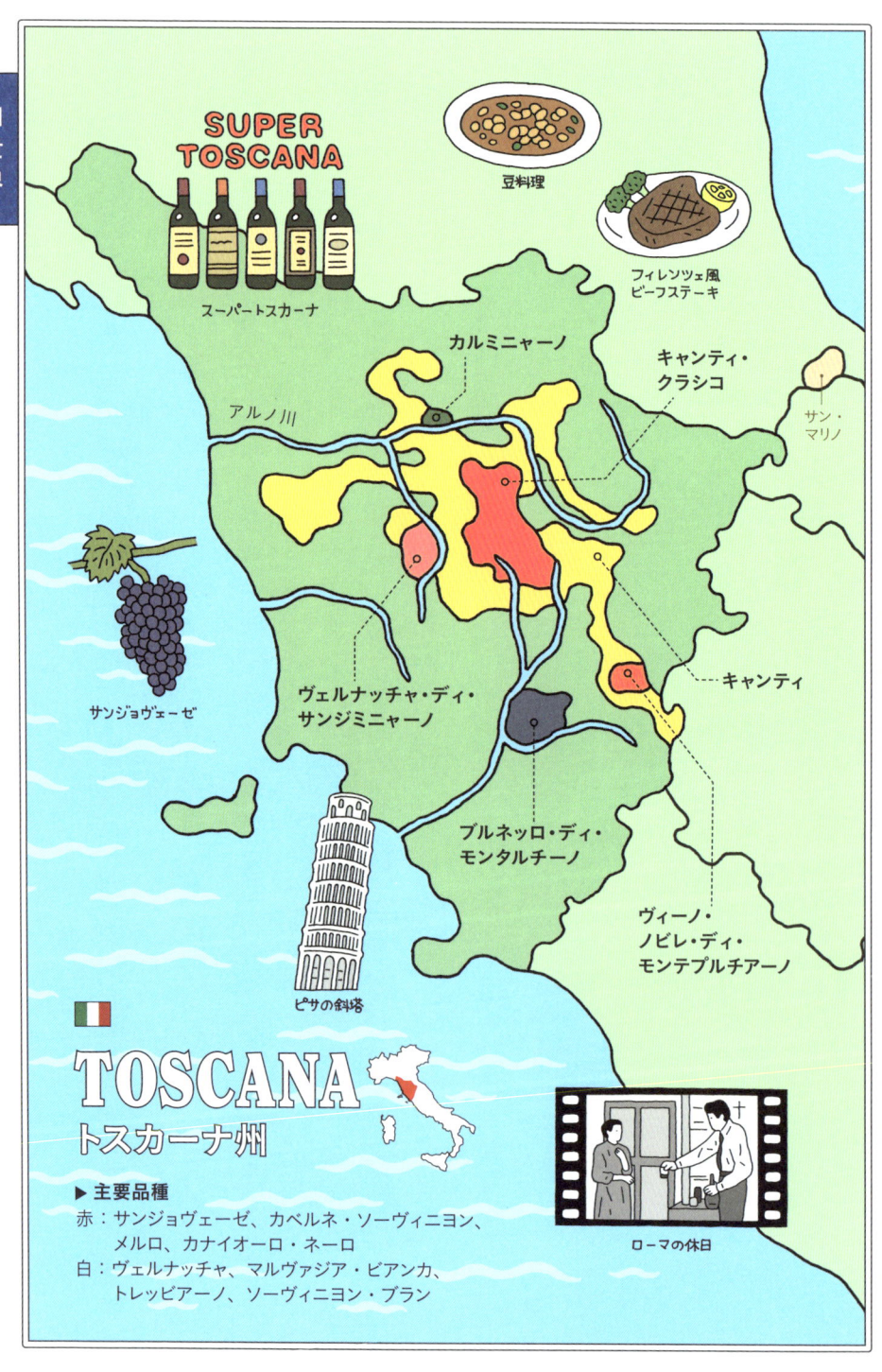

SUPER TOSCANA

スーパートスカーナ

豆料理

フィレンツェ風ビーフステーキ

アルノ川

カルミニャーノ

キャンティ・クラシコ

サン・マリノ

サンジョヴェーゼ

ヴェルナッチャ・ディ・サンジミニャーノ

キャンティ

ブルネッロ・ディ・モンタルチーノ

ヴィーノ・ノビレ・ディ・モンテプルチアーノ

ピサの斜塔

TOSCANA
トスカーナ州

ローマの休日

▶ 主要品種
赤：サンジョヴェーゼ、カベルネ・ソーヴィニヨン、
　　メルロ、カナイオーロ・ネーロ
白：ヴェルナッチャ、マルヴァジア・ビアンカ、
　　トレッピアーノ、ソーヴィニヨン・ブラン

# トスカーナのワイン話

【 ワインのツボ 】

**POINT 1** イタリアの代表品種
サンジョヴェーゼの最大の産地

**POINT 2** ワイン法を無視した
「スーパートスカーナ」が人気

**POINT 3** 庶民派「キャンティ」が
職人不足で値段が高騰している

## TIPS 1 イタリアを代表する品種 「サンジョヴェーゼ」の聖地

イタリア全土で愛される黒ブドウ品種サンジョヴェーゼの最大の産地として知られるトスカーナ。特にキャンティやキャンティ・クラシコといった産地が有名で、強い酸味とやや強い渋味を持つ。晩熟型で、十分に熟成させると酸味が弱まり、プラムなどの芳醇な果実の香りが強まってコクのあるまろやかなワインになる。また、サンジョヴェーゼにはクローン（亜種）が多く、果実味豊かでフレッシュなものから重厚な長期熟成タイプまで、果皮の色の違いを含めて少なくとも14種類以上あると言われている。その一つがブルネッロ（サンジョヴェーゼ・グロッソ）と呼ばれるブドウで、ブルネッロ・ディ・モンタルチーノやヴィーノ・ノビレ・ディ・モンテプルチアーノなどの産地で主に使用され、力強い味わいのワインを生む。

## TIPS 2 ワイン法を気にしない！ 「スーパートスカーナ」がイタリアワインを席巻

スーパートスカーナ（スーパータスカン）とは、カベルネ・ソーヴィニヨンやメルロなどボルドーでおなじみの品種を使い、近代的な手法で造られるワインのこと。イタリアワインの格付け「DOCG（DOP）」では、土着のブドウ品種の使用や、熟成期間の規定など細かいルールがあり、スーパートスカーナはこれに該当しないため、末端のテーブルワインに格付けされている。しかし、ワイン法を無視しても高品質のワインが続々と造られていることから、世界的に注目を集めるようになり、特定のワインがDOC（原産地統制名称ワイン）に認められるという、信じられないようなケースも出ている。

## TIPS 3 『ローマの休日』にも登場するキャンティが高級ワインに!?

「キャンティ」といえばイタリアの大衆的な赤ワインで、映画『ローマの休日』に登場したことでも知られる。わらづと（わらを編んだ包み）に包まれたフラスコ状のボトルが印象的なのだが、近年わらづとを編む職人が激減し高級品になっているそう。安ワインだった「わらづとに包まれたボトルのキャンティ」がレアになり、値上がりしているというのは時代の流れを感じる。

# SPAIN
## スペイン

- ▶ ワイン年間生産量：394万9400kL
- ▶ ブドウ栽培面積：97万4869ha

※2014年O.I.V資料参照

- ▶ 主要品種

赤：テンプラニーリョ、グルナッシュ、カベルネ・ソーヴィニヨン

白：マカベオ、チャレッロ、パレリャーダ、パロミノ、ソーヴィニヨン・ブラン

CAVA
カバ

UNICO
スペインワインの至宝「ウニコ」

闘牛

リアス・バイシャス

リベラ・デル・ドゥエロ

トロ

ルエダ

タホ川

ポルトガル

ヘレス

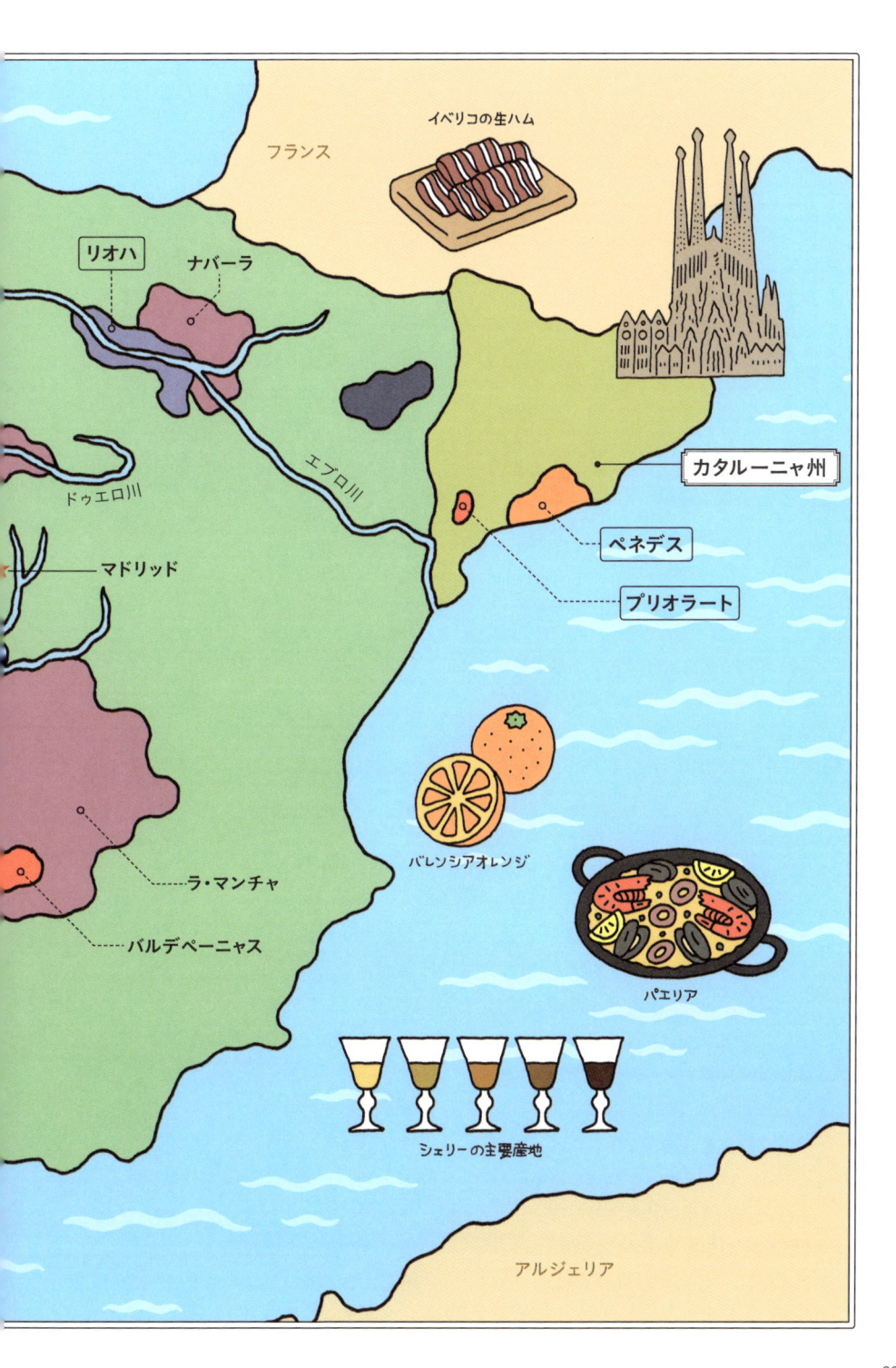

イベリコの生ハム

フランス

リオハ

ナバーラ

ドゥエロ川

エブロ川

マドリッド

カタルーニャ州

ペネデス

プリオラート

バレンシアオレンジ

ラ・マンチャ

バルデペーニャス

パエリア

シェリーの主要産地

アルジェリア

# スペインのワイン話

## 【 ワインのツボ 】

**POINT 1** スペインワインの代表品種は、香り高く繊細なテンプラニーリョ

**POINT 2** 産地の格付けとは別に、熟成期間のグレードがある

**POINT 3** シェリーとカヴァが有名

### TIPS 1  スペインは「テンプラニーリョ」のリーズナブルなワインが多い

スペインを代表するブドウ品種といえばテンプラニーリョ。スペイン全土で栽培されており、「センシベル」や「ティント・デル・パイス」、「ウル・デ・リェブレ」など、土地によって呼び方がコロコロと変わるのも特徴だ。適度な酸味と濃厚な果実味を持つテンプラニーリョは、重すぎず軽すぎずバランスの良い味わいで、熟成するとピノ・ノワールにも似たエレガントな味わいに変化することも。また、テンプラニーリョを主体にカベルネ・ソーヴィニヨンをブレンドした、パワフルな味わいの「スーパースパニッシュ」と呼ばれるワインも人気が高い。スペインワインはフランスやイタリアなどヨーロッパの他の産地に比べてリーズナブルな価格帯のワインが多いので、カジュアルにヨーロッパワインを楽しみたいときにおすすめ。

### TIPS 2  熟成期間が長いほど上級ワイン!

スペインには産地による格付けに加えて、熟成による品質のグレードも決まっている。熟成期間が長いほど質が高く、最も上級の「グラン・レセルバ」に至っては、5年以上の熟成を要する。

#### グラン・レセルバ

赤ワインの場合は最低60ヵ月以上（うち樽で18ヵ月）熟成させたもの。白、ロゼの場合は最低48ヵ月（うち樽で6ヵ月）。

#### レセルバ

赤ワインは最低36ヵ月以上（うち樽で12ヵ月）熟成させたもの。白、ロゼの場合は最低24ヵ月（うち樽で6ヵ月）。

#### クリアンサ

赤ワインは最低24ヵ月以上（うち樽で6ヵ月）熟成させたもの。白、ロゼの場合は最低18ヵ月（うち樽で6ヵ月）。

### TIPS 3  スペインの伝統的なワイン産地リオハはフランスの技術を採用!

リオハは、エブロ川流域の盆地に広がるスペインで最も有名な産地。粘土質や石灰質などさまざまな土壌を持ち、それがリオハのワインに複雑味を与えている。また、19世紀後半、フランス国内に広がったフィロキセラから逃れたボルドーの醸造家たちがリオハに移ったことで、フレンチオーク樽を使った樽熟成の技術が伝わった。そのた

め、リオハのワインは他の地域に比べて熟成期間が長めで、特に熟成を重ねた「グラン・レセルバ」や「レセルバ」のコクのあるワインはワイン愛好家から高い評価を得ている。

## TIPS 4 スペインワインを復興！プリオラートの革命児「4人組」

スペインを代表する銘醸地リオハに並ぶ、高級赤ワインの生産地がプリオラート。この地はかつて、ブドウ樹の害虫フィロキセラに襲われ、ブドウ畑が全滅、衰退の一途をたどっていた。その窮地を救ったのが、1980年代半ばに「昔ながらの上質なワインを造ろう」と立ち上がった熱意ある4人の生産者だ。"モダンプリオラートの父"と呼ばれるルネ・バルビエ氏をはじめとする生産者たちは、世界的なトレンドに合わせて、土着のブドウ品種の他にフランスのブドウ品種の栽培にも挑戦。重厚でアルコール度数の高い、しっかりした味わいの赤ワインを生むことに成功した。現在では、多くの生産者がプリオラートへ詰めかけ、質の高いワインを次々と生んで支持を集めている。

## TIPS 5 ヘレスは「シェリー」の中心的産地

大西洋に面したヘレスは、世界的に有名な酒精強化ワインの一つ、シェリーの主要産地として知られる。この地域は南国のような暑い気候が特徴。また、ポニエンテという大西洋から吹く風がブドウ樹に海の湿気をもたらし、夏に

は乾燥を和らげて樹の葉などが熱くなりすぎるのを防いでくれるので、ブドウの栽培にも適している。シェリーに使われるブドウは、9割以上がパロミノというアンダルシア原産の白ブドウ。糖分と酸味が少ないため通常のワインには向かないが、シェリーの原料となると辛口の上質な味わいとなる。

## TIPS 6 スペインが誇るスパークリングワイン「カヴァ」はペネデスが中心

スペインのスパークリングワインとして有名なカヴァ。スペイン語で「洞窟」を意味し、フランスのシャンパーニュと同じく瓶内二次発酵で造られるのが特徴だ。カタルーニャ州にあるペネデスが主な産地で、スペイン全体のカヴァ生産の約9割を占めている。ブドウは酸味のバランスが良いマカベオ、糖度のあるチャレッロ、フレッシュなパレリャーダの主に3種類から造られ、手頃な価格ながらおいしく、品質も優れている。パエリアとの相性も抜群だ。

### ● カヴァに使われる主なブドウ品種

#### マカベオ
酸味のバランスに優れ、爽やかでフルーティーな味わいが特徴。

#### チャレッロ
ワインにコクを与え、骨格のしっかりとした味わいにしてくれる。

#### パレリャーダ
ペネデスの高地で栽培される品種。フローラルな香りで、上品な飲み口になる。

# GERMANY

## ドイツ 🇩🇪

- ▶ ワイン年間生産量：92万200kL
- ▶ ブドウ栽培面積：10万2439ha

※2014年 O.I.V 資料参照

- ▶ 主要品種

赤：シュペートブルグンダー（ピノ・ノワール）、
　　ドルンフェルダー
白：リースリング、ゲヴュルツトラミネール、
　　シルヴァネール、ミュラー・トゥルガウ

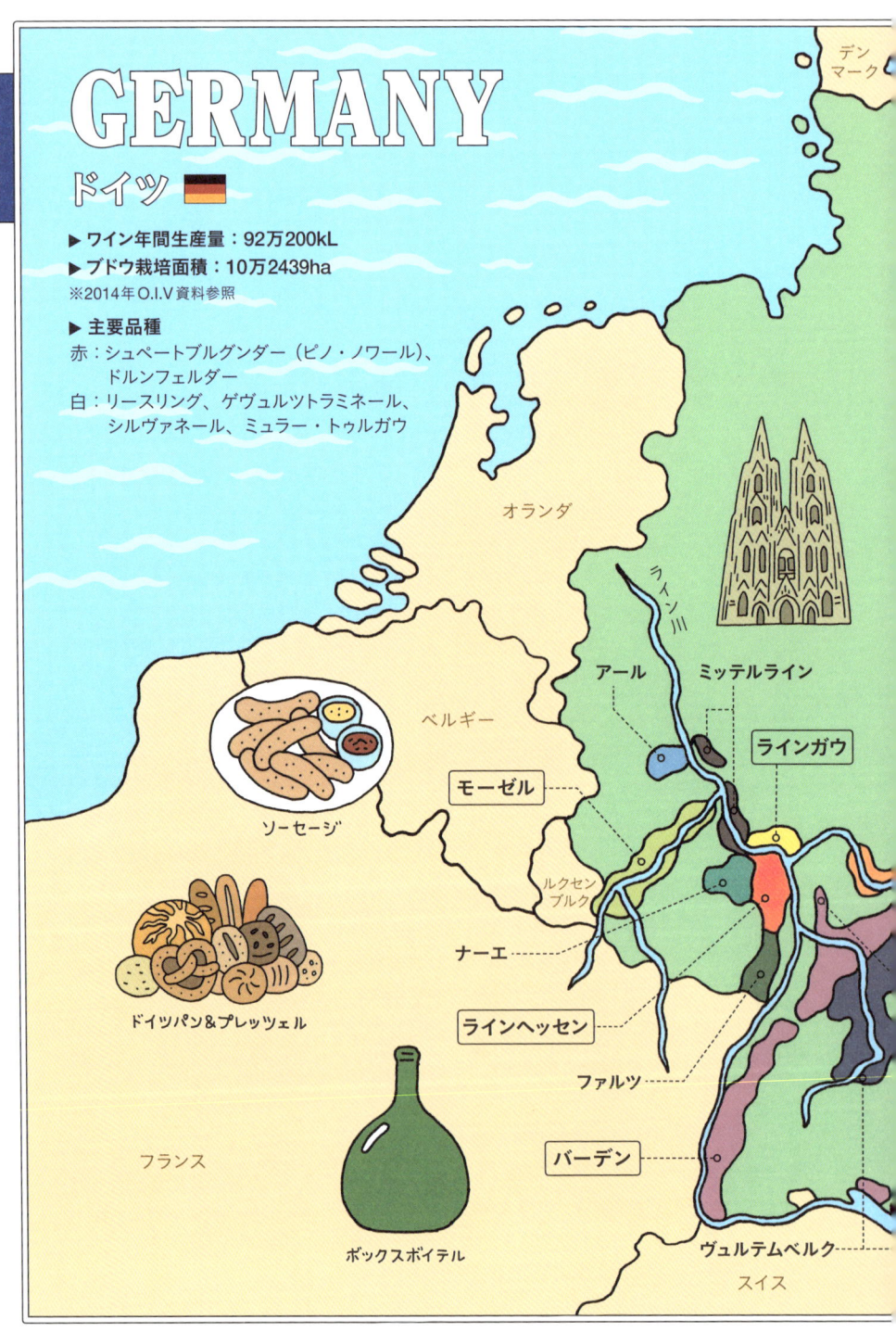

オランダ

ベルギー

ルクセンブルク

フランス

スイス

デンマーク

ソーセージ

ドイツパン＆プレッツェル

ボックスボイテル

ライン川

アール　ミッテルライン

ラインガウ

モーゼル

ナーエ

ラインヘッセン

ファルツ

バーデン

ヴュルテムベルク

ポーランド

貴腐ワイン

山岳地帯は極寒

ザーレ・
ウンストルート

エルベ川

ザクセン

ザーレ川

バウムクーヘン

マイン川

チェコ

RIESLING

リースリングが多い

フランケン

ヘシッシェ・
ベルクシュトラーセ

サッカー

オーストリア

# ドイツのワイン話

## 【 ワインのツボ 】

**POINT 1**
甘口タイプの白ワインが豊富
**POINT 2**
赤ワインのクオリティーが上がっている
**POINT 3** 甘口と辛口でそれぞれ厳しい格付けがある

### TIPS 1 ドイツは 甘口白ワイン の楽園

北緯50度前後の範囲に広がるドイツは、世界のブドウ栽培地の中でも北限に位置している。ブドウはリースリングやゲヴュルツトラミネールをはじめ、シルヴァネール、ミュラー・トゥルガウといった白ブドウで造られることがほとんど。フランスのアルザスと隣接していることもあって、品種やボトルのスタイルなど、アルザスワインと特徴がそっくりだが、ドイツでは甘口ワインの方が主体だ。また、ドイツワインの格付けでは、より熟した糖度の高いブドウから造られた甘口ワインほど、上級とされている。しかし近年では、世界的なトレンドをとらえた辛口タイプも増え、バラエティーに富んださまざまな味わいの白ワインを楽しめるようになった。甘口ならラインガウやモーゼル、辛口であればフランケンの白ワインがおすすめだ。

### TIPS 2 世界三大貴腐ワインの一角！ 「トロッケンベーレンアウスレーゼ」

貴腐ワインとは、果皮の薄い白ブドウの表面に貴腐菌（ボトリティス・シネレア）が付着してできる貴腐ブドウから造られる。通常、未熟なブドウに貴腐菌が付くと腐敗するだけだが、貴腐菌が上手に繁殖すると、驚くほど糖度が凝縮された甘露のような極甘口ワインになる。特にドイツワインの糖度の格付けで最高位の「トロッケンベーレンアウスレーゼ」は、フランスのソーテルヌ、ハンガリーのトカイと並び、世界三大貴腐ワインと呼ばれている。

### TIPS 3 温暖化の影響!? 赤ワインのクオリティー が年々UPしている

ドイツといえば白ワインの印象が強いが、実はドイツ最南端のバーデンやヴュルテムベルク、アールのような、古くから赤ワインを重点的に生産している歴史的な産地も多く存在する。特にドルンフェルダーというブドウ品種を使った辛口赤ワインが人気で、庶民的なお手頃価格で手に入るのが魅力だ。また近年は、地球温暖化の影響からか、シュペートブルグンダー（ピノ・ノワール）を使った、果実味豊かで力強い味わいの赤ワインが多く生まれている。中にはブルゴーニュの赤ワインに匹敵するような高い評価を受けるものも。

## TIPS 4 ドイツは甘口だけじゃない！ "辛口のグレード" も生まれた！

ブドウの糖度が高い甘口ワインになるほど、より上級と認められてきたドイツワインだが、近年、辛口ワインの生産が徐々に伸びてきている。それに伴い、辛口の上級ワインに関してワイン法が見直されはじめ、2000年には、「クラシック」「セレクション」という辛口ワインの新たなグレードが誕生。甘口にとどまらず、今後はますます、幅広い味わいのドイツワインが楽しめるようになるだろう。

### ● 辛口の格付け

#### クラシック

ワイン法によって定められた「Q.b.A（生産地域限定上質ワイン）」を生産する13の地域で造られた上級の辛口ワインのこと。ドイツの伝統的なブドウ品種を用いた上で、国内で定められた品質基準をクリアしなければならない。ラベルにこの表示があれば、いずれも高品質の辛口ワインを示すことになる。

#### セレクション

「クラシック」よりグレードが高い、ドイツにおける最上級の辛口ワイン。「Q.b.A」で指定された13の地域の内、単一の畑のブドウから造られることが条件で、手摘みで収穫することや熟成期間、ブドウの糖度などが「クラシック」よりさらに細かく決められている。また、産地ごとの伝統的な品種を使うことも義務付けられている。

## TIPS 5 ドイツの 辛口リースリングは 和食と合う

日本でもドイツの辛口ワインを取り扱うお店が急増中。特にリースリングの辛口は淡麗で、天ぷらや野菜のお浸しなど和食と相性が良いのでおすすめ。

## TIPS 6 ドイツのブドウ畑は ほとんど川沿いにある

ドイツのブドウ畑は、そのほとんどが川沿いの斜面にある。傾斜によって日光がブドウに効率よく当たるだけでなく、水面の照り返しで日照量を増やすことができるのが特徴だ。さらに、川に面していることで気温変化がゆるやかになり、急激な冷え込みでブドウ樹が枯れてしまうのを防げるほか、収穫時期が近付く秋から冬にかけてのシーズンは、川から発生する霧が畑を厳しい寒さから守ってくれる。こうして寒さの中でじっくりと熟したブドウは、極上の甘みと酸味を備えたワインに仕上がる。北限の厳しい気象条件だからこそ、立地をうまく利用して考えられた生産者の知恵と伝統が感じられる。

## TIPS 7 フランケン地方の 伝統的なワインボトル 「ボックスボイテル」

ボックスボイテルとは、ドイツのフランケン地方特有のボトルのタイプで、ずんぐりと丸みを帯びた扁平な形をしている。ボックスボイテルという名前の由来は「ヤギの陰のうに形が似ている」「ベネディクト派の修道僧が祈祷書を入れるために服につけていた袋」など諸説ある。もとは、18世紀に横行した悪徳ワイン業者の偽ワインと区別するため、ボックスボイテル型の容器にワインを入れたことが始まりだとか。今でもフランケン地方の多くの醸造所は、高品質のワインの証にボックスボイテルのボトルを使用している。

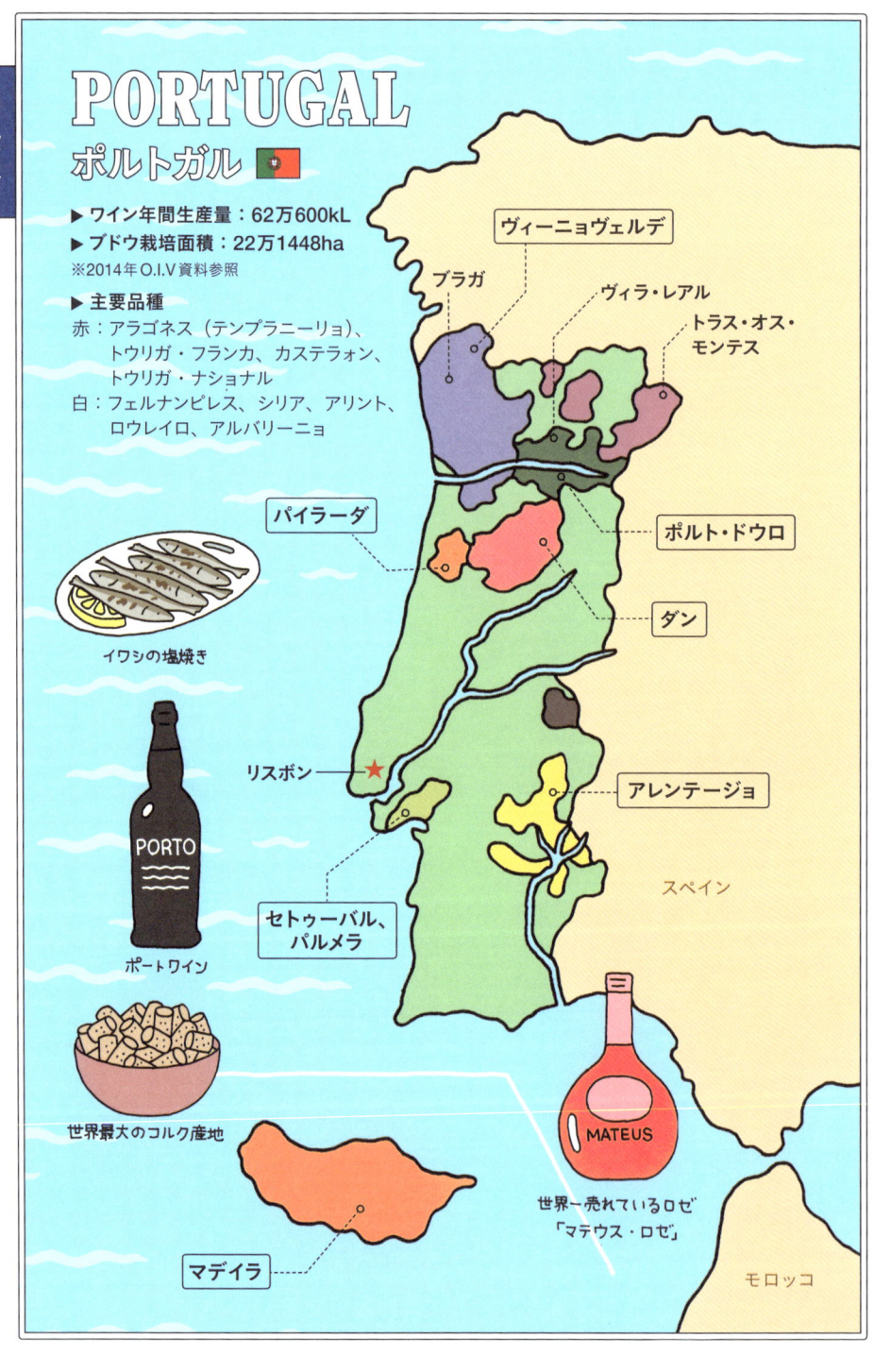

# PORTUGAL
## ポルトガル 🇵🇹

▶ ワイン年間生産量：62万600kL
▶ ブドウ栽培面積：22万1448ha
※2014年 O.I.V 資料参照

▶ 主要品種
赤：アラゴネス（テンプラニーリョ）、
　　トウリガ・フランカ、カステラォン、
　　トウリガ・ナショナル
白：フェルナンピレス、シリア、アリント、
　　ロウレイロ、アルバリーニョ

ヴィーニョヴェルデ

ブラガ

ヴィラ・レアル

トラス・オス・
モンテス

パイラーダ

ポルト・ドウロ

ダン

イワシの塩焼き

リスボン

アレンテージョ

PORTO

スペイン

ポートワイン

セトゥーバル、
パルメラ

世界最大のコルク産地

MATEUS

世界一売れているロゼ
「マテウス・ロゼ」

マデイラ

モロッコ

# ポルトガルのワイン話

## TIPS 1 「ポートワイン」&「マデイラワイン」の二大名酒を発明！

ポルトガルワインといえば、酒精強化ワインのポートワイン（ヴィーニョ・ド・ポルト）。ワインの発酵途中にアルコール度数77度のブランデーを加えて発酵を止める製法で、独特の甘みと深いコクが生まれる。一般的なワインのアルコール度数が10〜15度なのに対し、ポートワインは20度前後と高いのも特徴。ポートワインは主に、黒ブドウを使って3年以上熟成させた「ルビー・ポート」と、それをさらに樽で熟成させた「トゥニー・ポート」、白ブドウを原料に3〜5年熟成させた「ホワイト・ポート」の3種類がある。また、ブドウを原料としたスピリッツを添加して造られる、酒精強化ワインのマデイラワインも有名。甘口から辛口まで味わいの幅が広く、スモーキーな香りを持つ。マデイラ島で造られたのが由来とも言われている。

## TIPS 2 土着のブドウ品種が多く、個性派ワインを楽しめる！

ポルトガルは歴史が古く、伝統的な栽培法や醸造法が受け継がれているだけでなく、固有のブドウ品種も多い。世界の銘醸ワインに引けをとらない個性的なワインも多数輩出されている。

### ◉ ポルトガルの主要品種

**トウリガナショナル（赤）**

ポルトガルを代表する黒ブドウ品種。ポートワインに使われることが多い。

**アラゴネス（赤）**

果実味が強く、濃厚な味わいが特徴。乾燥した地域で栽培されることが多い。

**フェルナンピレス（白）**

ポルトガルで最も多く栽培される白ブドウで、バイラーダではマリアゴメスと呼ばれる。

**シリア（白）**

早飲みワインに適した白ブドウ品種。フルーティーでフレッシュな味わいを生む。

## TIPS 3 貴重なコルク樫を有する世界最大のコルク産地

コルク樫は世界の中でも、スペインやフランス、イタリアなど地中海沿岸の限られた地域にしか群生しておらず、ポルトガルはその中でも最も大きい面積を有している。ポルトガルのコルクの生産シェアは世界の約50％に上り、コルク製品に至ってはおよそ75％と、世界でもトップクラスのシェアを誇る。

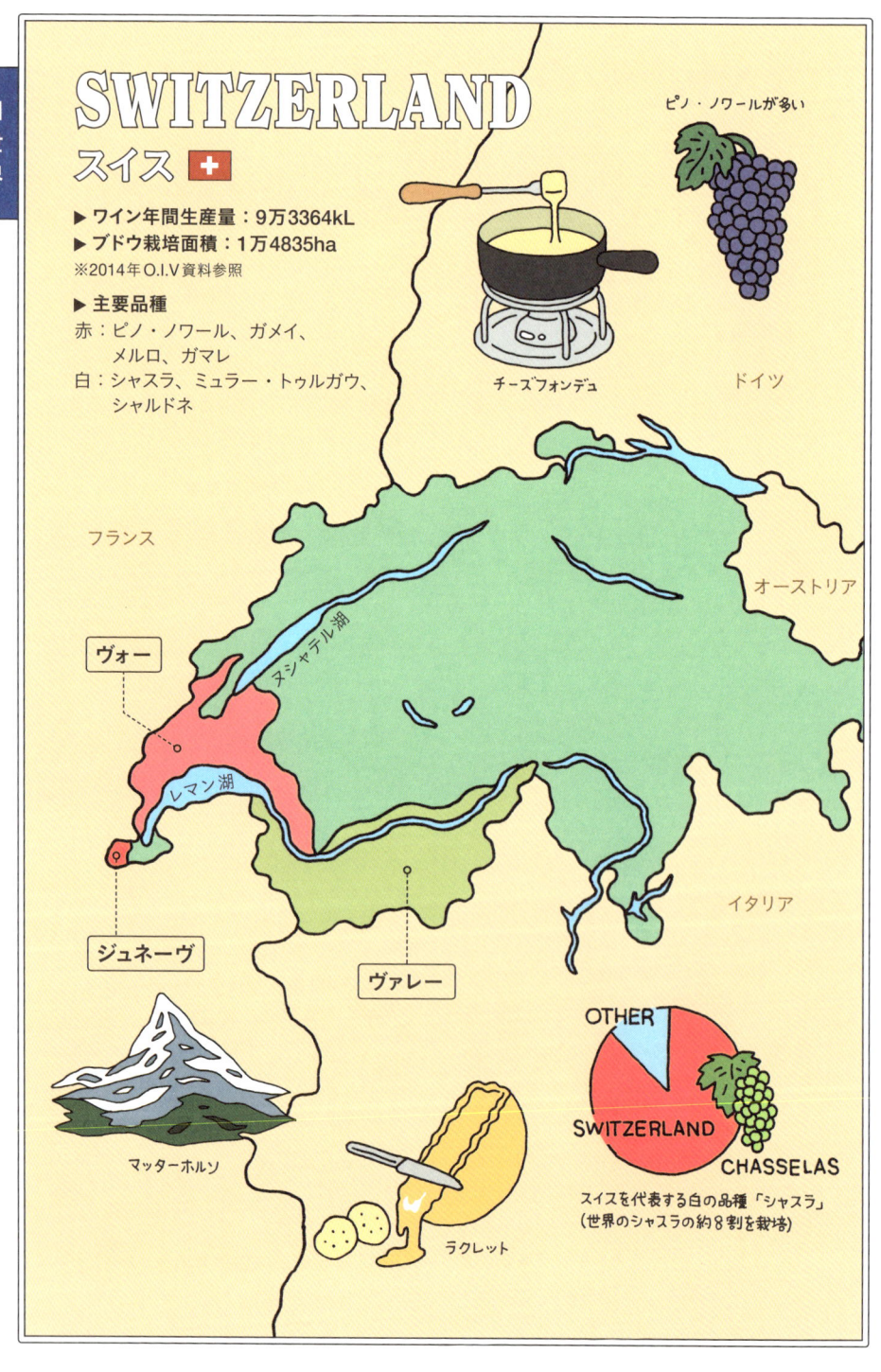

# SWITZERLAND

## スイス 🇨🇭

▶ワイン年間生産量：9万3364kL
▶ブドウ栽培面積：1万4835ha
※2014年 O.I.V 資料参照

▶主要品種
赤：ピノ・ノワール、ガメイ、
　　メルロ、ガマレ
白：シャスラ、ミュラー・トゥルガウ、
　　シャルドネ

ピノ・ノワールが多い

チーズフォンデュ

ドイツ

フランス

オーストリア

ヌシャテル湖

ヴォー

レマン湖

ジュネーヴ

ヴァレー

イタリア

マッターホルン

ラクレット

OTHER

SWITZERLAND

CHASSELAS

スイスを代表する白の品種「シャスラ」
（世界のシャスラの約8割を栽培）

# スイスのワイン話

## TIPS 1 実はワイン大国！
入手困難で
激レア扱いに!?

スイスワインと言われてもいまいちピンとこない人が多いかもしれないが、実はスイスはヨーロッパ屈指のワイン大国。日本であまりメジャーな存在でないのには、主に2つの理由がある。1つは、山岳地帯が多いためブドウ栽培に適した場所が少なく、販売価格が他国に比べて高めになってしまうこと。2つ目は、生産されたスイスワインのほとんどが国内で消費されるため、輸出される量が非常に少なくなってしまうことが挙げられる。さらに、2012年には世界で最も影響力のあるワイン評論家のロバート・パーカー氏が雑誌『ワイン・アドヴォケイト（The Wine Advocate）』において、4つのスイスワインを「2012年ベストコレクション」に選定したため人気が急上昇。スイスワインは、ますます手に入りにくい存在となっている。

## TIPS 2 8割の「シャスラ」が
スイスで栽培されている

スイスを代表する白ブドウの品種といえば、シャスラ。世界のシャスラの約8割がスイスで生産されており、主にヴォーで栽培されている。レマン湖北側の沿岸部に面し、氷河、河川、山など独特の地形によって生まれた多種多様な土壌から、複雑な香りと繊細なニュアンスを併せ持つ個性的な辛口ワインが生まれる。また、スイスで最もワインの生産量が多いヴァレー州でもシャスラが栽培されているが、ここではファンダンと呼び名が異なり、ヴォーよりも生き生きとした酸味を感じられるワインになる。白ワインを使ったスイス名物のチーズフォンデュと合わせれば絶品間違いなしだ。

## TIPS 3 マイルドで飲みやすい！
スイスの赤ワインは
ピノ・ノワールがほとんど

スイスで造られる赤ワインの多くは、ピノ・ノワールを使用している。透明感のある鮮やかな赤い色味が特徴で、渋味や苦味がなくすっきりと飲みやすい味わいに仕上がる。ピノ・ノワール以外では、ガメイやメルロ、スイス独自の交配品種ガマレなどが使われることもあり、全体的にチェリーのような甘い香りとライトな口当たり。不思議と、エスニック料理や中華料理と合う。

# ヨーロッパのワイン法&格付け

ワインの歴史が古い旧世界のワイン産地では、伝統や産地固有の個性を守るために、ワイン法が設けられている。現在、ワイン法はEUが定めた新格付けに移行中だが、国ごとに定められた従来の格付けの呼称も、引き続き名乗ることが認められている。

## 🇫🇷 フランスのワイン法

地域が限定されるほど規制が厳しく、格付けも高くなる。フランスはアルザスなどの一部の地域を除き、ブドウ品種の記載がない場合があるので、産地をヒントに味の個性を探ろう。

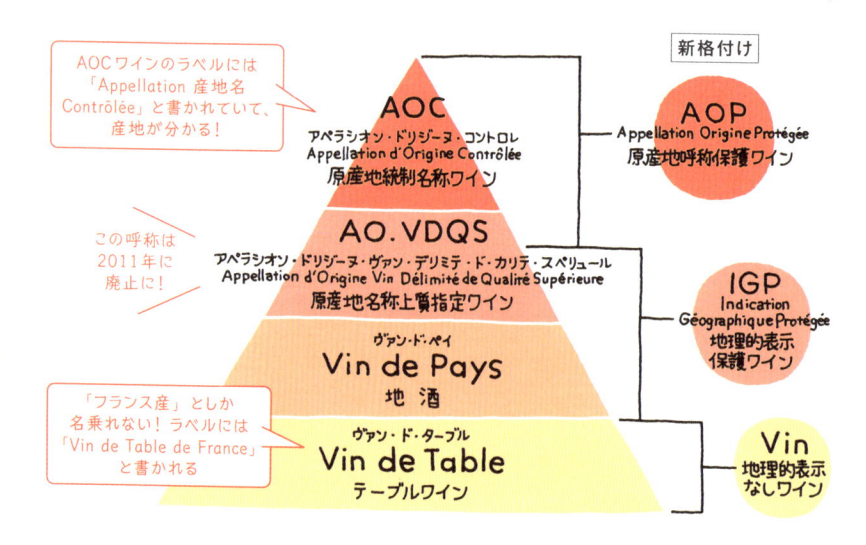

AOCワインのラベルには「Appellation 産地名 Contrôlée」と書かれていて、産地が分かる!

AOC
アペラシオン・ドリジーヌ・コントロレ
Appellation d'Origine Contrôlée
原産地統制名称ワイン

この呼称は2011年に廃止に!

AO.VDQS
アペラシオン・ドリジーヌ・ヴァン・デリミテ・ド・カリテ・スペリュール
Appellation d'Origine Vin Délimité de Qualité Supérieure
原産地名称上質指定ワイン

ヴァン・ド・ペイ
Vin de Pays
地酒

「フランス産」としか名乗れない! ラベルには「Vin de Table de France」と書かれる

ヴァン・ド・ターブル
Vin de Table
テーブルワイン

新格付け

AOP
Appellation Origine Protégée
原産地呼称保護ワイン

IGP
Indication Géographique Protégée
地理的表示保護ワイン

Vin
地理的表示なしワイン

### AOCにもランクがある

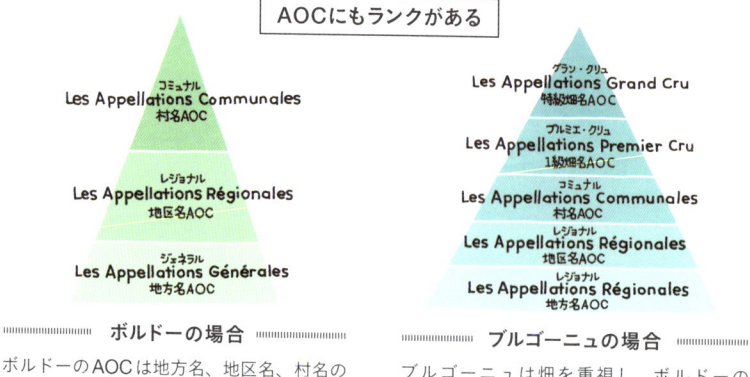

コミュナル
Les Appellations Communales
村名AOC

レジョナル
Les Appellations Régionales
地区名AOC

ジェネラル
Les Appellations Générales
地方名AOC

グラン・クリュ
Les Appellations Grand Cru
特級畑名AOC

プルミエ・クリュ
Les Appellations Premier Cru
1級畑名AOC

コミュナル
Les Appellations Communales
村名AOC

レジョナル
Les Appellations Régionales
地区名AOC

レジョナル
Les Appellations Régionales
地方名AOC

#### ボルドーの場合
ボルドーのAOCは地方名、地区名、村名の3段階に格付けされる。同じ地方でも、より地区や村が限定されている方が格上に。

#### ブルゴーニュの場合
ブルゴーニュは畑を重視し、ボルドーのAOCに加えて畑名まで細分化。畑の中でもさらに特級と1級にランク付けしている。

## 🇮🇹 イタリアのワイン法

イタリアのワイン法が最初に成立したのは意外にも遅く、1963年のこと。2009年にはEUの新ワイン法に合わせて新格付けが施行されたが、従来のDOCG表示も認められている。

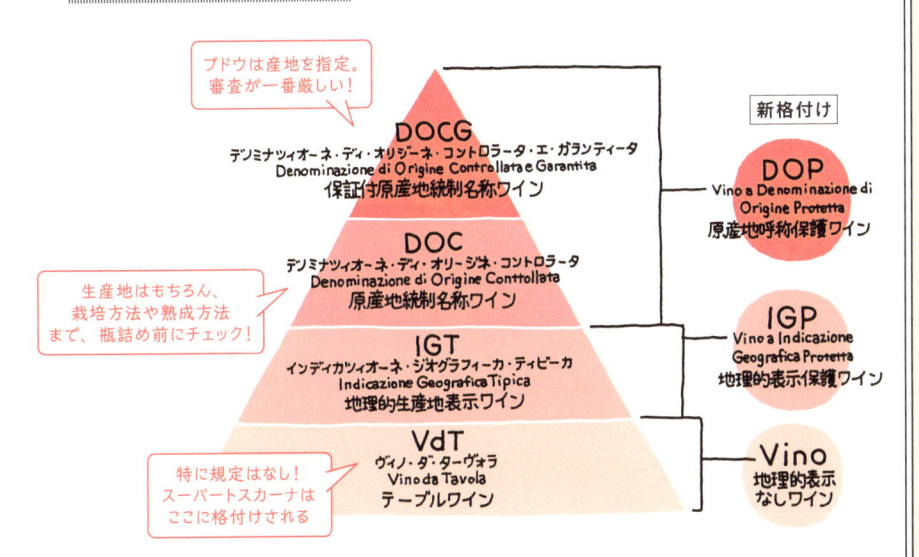

ブドウは産地を指定。
審査が一番厳しい！

**DOCG**
デノミナツィオーネ・ディ・オリジーネ・コントロラータ・エ・ガランティータ
Denominazione di Origine Controllata e Garantita
保証付原産地統制名称ワイン

**DOC**
デノミナツィオーネ・ディ・オリ・ジネ・コントロラータ
Denominazione di Origine Conttollata
原産地統制名称ワイン

生産地はもちろん、
栽培方法や熟成方法
まで、瓶詰め前にチェック！

**IGT**
インディカツィオーネ・ジオグラフィーカ・ティピーカ
Indicazione Geografica Tipica
地理的生産地表示ワイン

特に規定はなし！
スーパートスカーナは
ここに格付けされる

**VdT**
ヴィノ・ダ・ターヴォラ
Vino da Tavola
テーブルワイン

新格付け

**DOP**
Vino a Denominazione di
Origine Protetta
原産地呼称保護ワイン

**IGP**
Vino a Indicazione
Geografica Protetta
地理的表示保護ワイン

**Vino**
地理的表示
なしワイン

## 🇩🇪 ドイツのワイン法

ドイツワインの格付けで重要視されるのがブドウの糖度。地域の格付けで最上級の「プレディカーツヴァイン」の中で、さらに6つの基準が設けられている。新格付けの表記は任意。

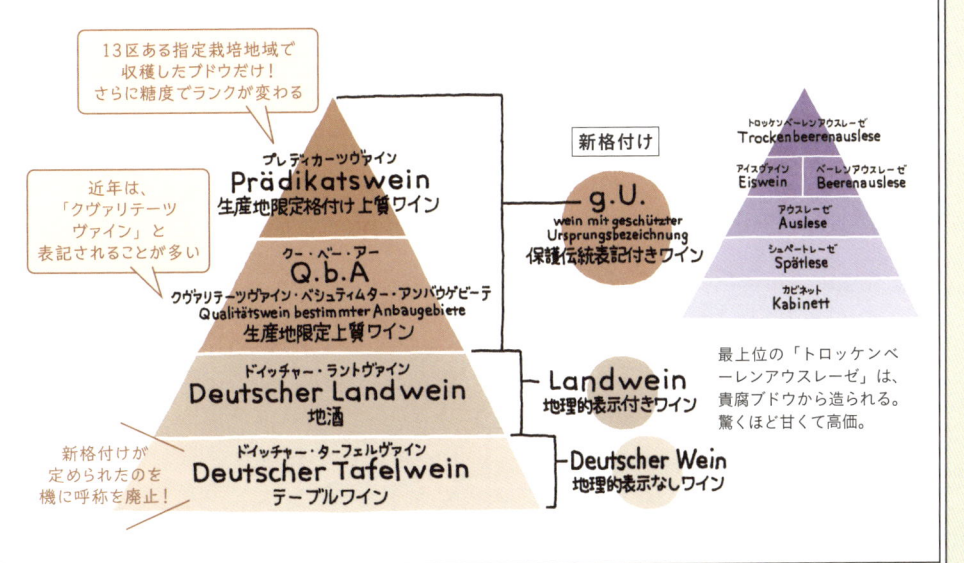

13区ある指定栽培地域で
収穫したブドウだけ！
さらに糖度でランクが変わる

プレディカーツヴァイン
**Prädikatswein**
生産地限定格付け上質ワイン

近年は、
「クヴァリテーツ
ヴァイン」と
表記されることが多い

クー・ベー・アー
**Q.b.A**
クヴァリテーツヴァイン・ベシュティムター・アンバウゲビーテ
Qualitätswein bestimmter Anbaugebiete
生産地限定上質ワイン

ドイッチャー・ラントヴァイン
**Deutscher Landwein**
地酒

新格付けが
定められたのを
機に呼称を廃止！

ドイッチャー・ターフェルヴァイン
**Deutscher Tafelwein**
テーブルワイン

新格付け

**g.U.**
wein mit geschürzter
Ursprungsbezeichnung
保護伝統表記付きワイン

**Landwein**
地理的表示付きワイン

**Deutscher Wein**
地理的表示なしワイン

トロッケンベーレンアウスレーゼ
**Trockenbeerenauslese**

アイスヴァイン ベーレンアウスレーゼ
**Eiswein** **Beerenauslese**

アウスレーゼ
**Auslese**

シュペートレーゼ
**Spätlese**

カビネット
**Kabinett**

最上位の「トロッケンベーレンアウスレーゼ」は、貴腐ブドウから造られる。驚くほど甘くて高価。

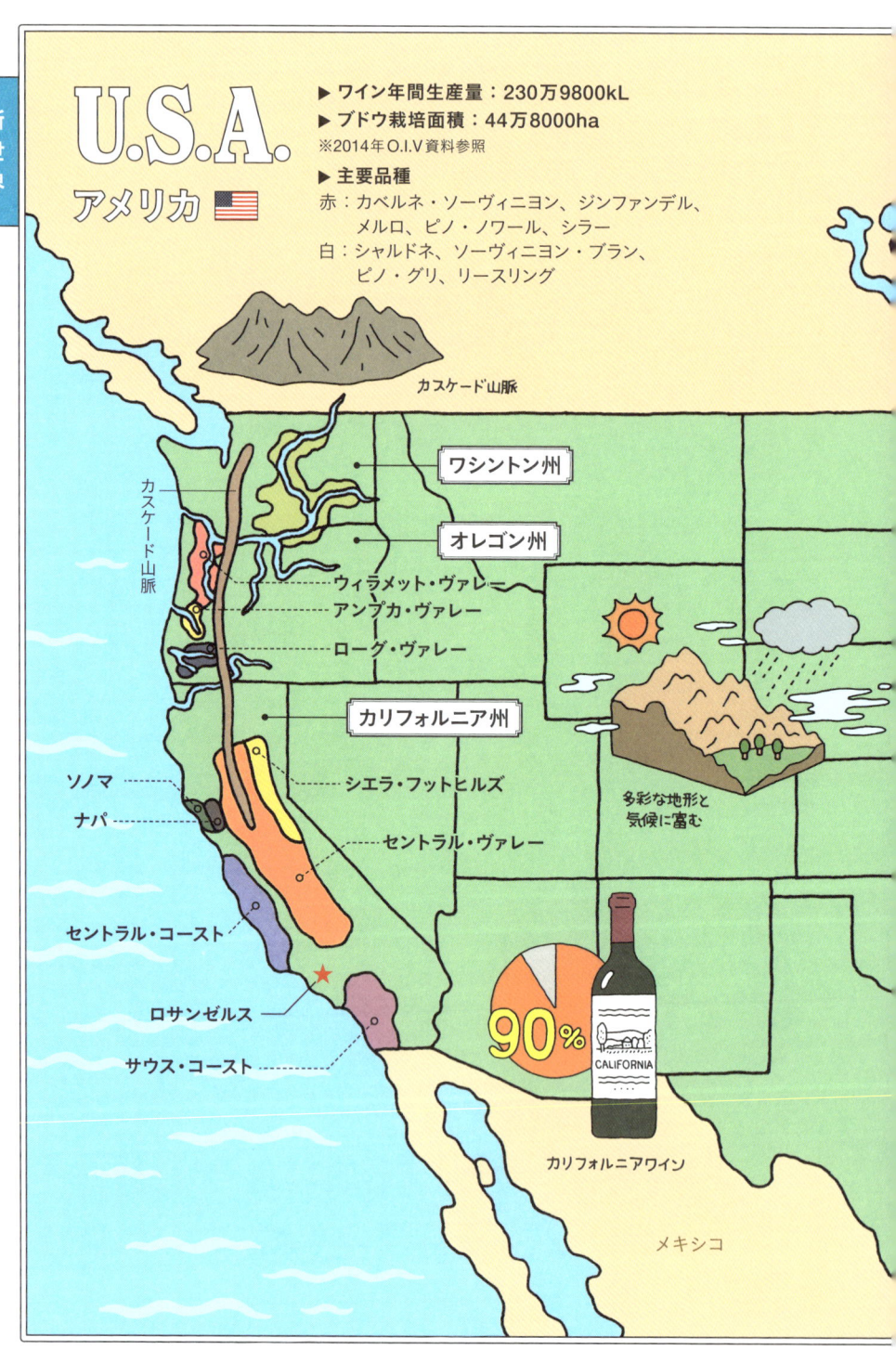

# U.S.A.
## アメリカ 🇺🇸

▶ ワイン年間生産量：230万9800kL
▶ ブドウ栽培面積：44万8000ha
※2014年O.I.V資料参照

▶ 主要品種
赤：カベルネ・ソーヴィニヨン、ジンファンデル、
　　メルロ、ピノ・ノワール、シラー
白：シャルドネ、ソーヴィニヨン・ブラン、
　　ピノ・グリ、リースリング

カスケード山脈

カスケード山脈

ワシントン州

オレゴン州

ウィラメット・ヴァレー

アンプカ・ヴァレー

ローグ・ヴァレー

カリフォルニア州

シエラ・フットヒルズ

ソノマ

ナパ

セントラル・ヴァレー

セントラル・コースト

ロサンゼルス

サウス・コースト

多彩な地形と
気候に富む

90%

CALIFORNIA

カリフォルニアワイン

メキシコ

カナダ

ブティック・ワイナリー

ニューヨーク州

ステーキ

修道士がワイン造りを広めた

# アメリカのワイン話

【 ワインのツボ 】

**POINT 1** カリフォルニア産が9割を占める。主要品種はジンファンデル

**POINT 2** 「ブティックワイナリー」がアメリカ各地で増えている

**POINT 3** アメリカを代表する高級ワイン「オーパスワン」

## TIPS 1 アメリカワインは カリフォルニア産が ほとんど！

アメリカワインのほぼ9割を生産しているのがカリフォルニア。テーブルワインをメインに産出するサウス・コーストやセントラル・コーストがある一方で、北部には高級赤ワインで名高いナパや、白ワインで有名なソノマなど、世界的な産地もある。ブドウ品種は主にジンファンデルが使用され、色味が非常に濃く、果実の味わいがしっかりと感じられる骨太なワインが生まれる。ジンファンデルは南アフリカやオーストラリアでも多く使用される品種で、イタリアでは「プリミティーヴォ」という別名を持つ。力強い味わいなので、味の濃い料理やBBQスタイルの肉料理と相性抜群。ちなみに、ジンファンデルを使った「ホワイト・ジンファンデル」と呼ばれるロゼワインは、柔らかい口当たりでほんのり甘く、本来のパワフルなイメージが一変する。

## TIPS 2 禁酒法で一時は衰退… 歴史の荒波にもまれながら 急成長を遂げている！

アメリカワインの始まりは1769年、ローマカトリック教会の修道士たちが、ミサ用にワインを造ったのがきっかけと言われている。その後、ゴールドラッシュによって人口が急増したことでワインの需要が一気に高まり、19世紀後半には現在のカベルネ・ソーヴィニヨンやシャルドネなどが属するヨーロッパ系のブドウ品種（ヴィティス・ヴィニヘラ）が導入され、ワイン産業が加速度的に発展した。ところが、1920年に禁酒法が施行されたことで、アメリカのワイン産業は壊滅的な打撃を受ける。一時は衰退の一途をたどっていたが、禁酒法がとけて間もなく、カリフォルニアにワイン生産者で組織する「ワイン・インスティテュート」という業界団体が設立され、ワイン造りに再び注目が集まるようになった。その後、カリフォルニア大学にワイン醸造科ができたことや技術の発展もあり、急速にカリフォルニアのワイン産業は回復。新世界を代表する存在に上り詰めるまでに復活を果たした。

## TIPS 3 ワインの常識を変えた！ 「パリスの審判」で名声を得た カリフォルニアワイン

1976年、世界のワイン地図を塗り替えるセンセーショナルな事件が起きた。

事の発端は、イギリスのワイン評論家スティーヴン・スパリア氏が業界人を招いてパリで主催したブラインドテイスティング。「シャトー・ムートン・ロスチャイルド」などの名だたるフランスワインが並ぶ中、あろうことか無名のカリフォルニアワインが赤ワインと白ワインの両方で1位に選ばれたのだ。この出来事は「パリスの審判」と称され、すぐさま業界に広がり、「新世界は旧世界を超えられない」というワイン界の常識を覆した。それと同時に、「酔うためだけの安ワイン」というカリフォルニアワインへの偏見が劇的に変わるきっかけになった。さらに言えば、「フランス以外でも最高のワインは造れる」という強烈なメッセージとして世界を揺るがしたのは間違いない。「パリスの審判」はワイン史に残る大きな節目になり、今日の新世界ワインの隆盛の礎となっている。

 **TIPS 4 中規模で高品質を目指す「ブティックワイナリー」が増えている**

「ブティックワイナリー」とは、「小さな店」を意味するフランス語から生まれた言葉で、小〜中規模かつ高品質を追求するワイナリーのこと。以前は大手の生産者がほとんどを占めていたが、カリフォルニアのナパやソノマを中心に家族経営の造り手が増えている。近年では、オレゴン州やワシントン州、ニューヨーク州でもワイン造りが活発化し、「ブティックワイナリー」も年々増加。また、ヨーロッパとは異なり、ブドウ栽培とワイン醸造を分業してい

る場合が多く、効率的な栽培法や新技術を積極的に導入しているのも面白い。安価ながら個性のはっきりしたユニークなワインが次々登場し、今後の成長に目が離せない産地だ。

 **TIPS 5 シャトーの技術を採り入れた革命的アメリカワイン「オーパスワン」**

「オーパスワン」と言えば、ワイン好きなら誰もが一度は聞いたことのある、カリフォルニアのナパで生まれた高級ワイン。「オーパス・ワン」の生みの親は2人の巨匠で、一人はカリフォルニアワイン界の重鎮でパイオニアとも言われているロバート・モンダヴィ氏。そしてもう一人が、ボルドーの五大シャトーの一角「シャトー・ムートン・ロスチャイルド」の当時のオーナーであるバロン・フィリップ・ド・ロートシルト男爵だ。彼らはカリフォルニアの豊かなテロワールに、ボルドーの伝統的な醸造方法や技術を融合させ、新世界と旧世界のワイン造りの英知を結集した"唯一無二"とも言うべきワインを生み出した。「オーパスワン」は世に出るやいなや、世界的なワイン評論家であるジェームス・サックリング氏から絶賛され、瞬く間に価格が高騰。当時では破格の50ドルにまで値段が上がったという。2人がこの世を去った現在では、当時のスタイルを受け継ぎながら、「ナイト・ハーヴェスト（ブドウを夜摘みすること）」や自然派栽培などに取り組み、より細部までブラッシュアップされたワイン造りに励んでいる。

# AUSTRALIA
## オーストラリア 🇦🇺

▶ ワイン年間生産量：118万6343kL

▶ ブドウ栽培面積：15万3723ha

※2014年 O.I.V 資料参照

▶ 主要品種

赤：シラーズ（シラー）、カベルネ・
　　ソーヴィニヨン、ピノ・ノワール、
　　メルロ

白：シャルドネ、ソーヴィニヨン・ブラン、
　　リースリング、セミヨン、
　　ピノ・グリ

コアラ

パプアニュー
ギニア

カンガルー

西オーストラリア州

BBQ

ニュー・サウス・
ウェールズ州

南オーストラリア州

キャンベラ

ビクトリア州

ジェームズ・バズビー
「オーストラリアワインの父」

タスマニア州

カスクワイン

温暖な気候

114

# オーストラリアのワイン話

【 ワインのツボ 】

**POINT 1** シラーズを筆頭に、
多彩なブドウ品種がそろう

**POINT 2** ジェームズ・バズビーに
よってブドウ栽培が広まった

**POINT 3** 紙パック型の
「カスクワイン」が生まれた場所

TIPS **1** 豊かな自然に育まれた
重厚でスパイシーな
シラーズが主役！

ワインの産地は、主に比較的冷涼な南側に広がっている。代表的なブドウ品種はシラーズ。原産地のフランスではシラーと呼ばれエレガンスな味わいを持つが、日照量の多いオーストラリアでは果実味たっぷりの力強いワインになる。インパクトのあるスパイシーな味わいはアメリカワインに似ているものの、豊かな自然を反映した上品なニュアンスと重厚感はオーストラリアワイン特有のもの。シラーズの他にも、赤ならカベルネ・ソーヴィニヨン、白ならシャルドネやソーヴィニヨン・ブランなど、ヨーロッパ系品種を中心にバラエティー豊かなブドウが栽培されている。また、南オーストラリア州は高級ワインが多く生まれる産地として名高く、最も南に位置するタスマニア州ではピノ・ノワールを使った高品質な赤ワインが生まれ、世界的な評価も高い。ちなみに、2015年に日本とオーストラリア間で結ばれた「経済連携協定（EPA）」により、関税が下がっていて、2021年には無税になる。おいしいワインをより手頃に楽しめるようになりそうだ。

TIPS **2** "豪州ワインの父"
ジェームズ・バズビーが
ブドウ栽培を開拓した

1788年、ニュー・サウス・ウェールズ州の初代総督となったアーサー・フィリップ大佐が、記念としてシドニーにブドウ樹を植えたのがオーストラリアワインの始まりとされる。その後、イギリス移民のジェームズ・バズビーが本格的なブドウ畑「ハンター・ヴァレー」を立ち上げたのを機に、オーストラリア全土でワイン造りが流行。ワイナリーが次々と誕生した。

TIPS **3** BBQの必需品！
「カスクワイン」の
発祥地

カスクワインとは紙パックに入ったワインのこと。オーストラリアが発祥とされ、1965年には同国のワイン生産者が初めて特許を取得した。容量が大きく値段も手頃とあって世界各地で用いられるようになり、近年では真空パックを内蔵した進化型のボックスワインも登場。現地ではBBQのお供として欠かせない存在になっている。

# NEW ZEALAND
## ニュージーランド 🇳🇿

- ▶ ワイン年間生産量：32万400kL
- ▶ ブドウ栽培面積：3万8138ha

※2014年 O.I.V 資料参照

- ▶ 主要品種

赤：ピノ・ノワール、メルロ、
　　シラー、カベルネ・ソーヴィニヨン
白：ソーヴィニヨン・ブラン、シャルドネ、
　　ピノ・グリ、リースリング

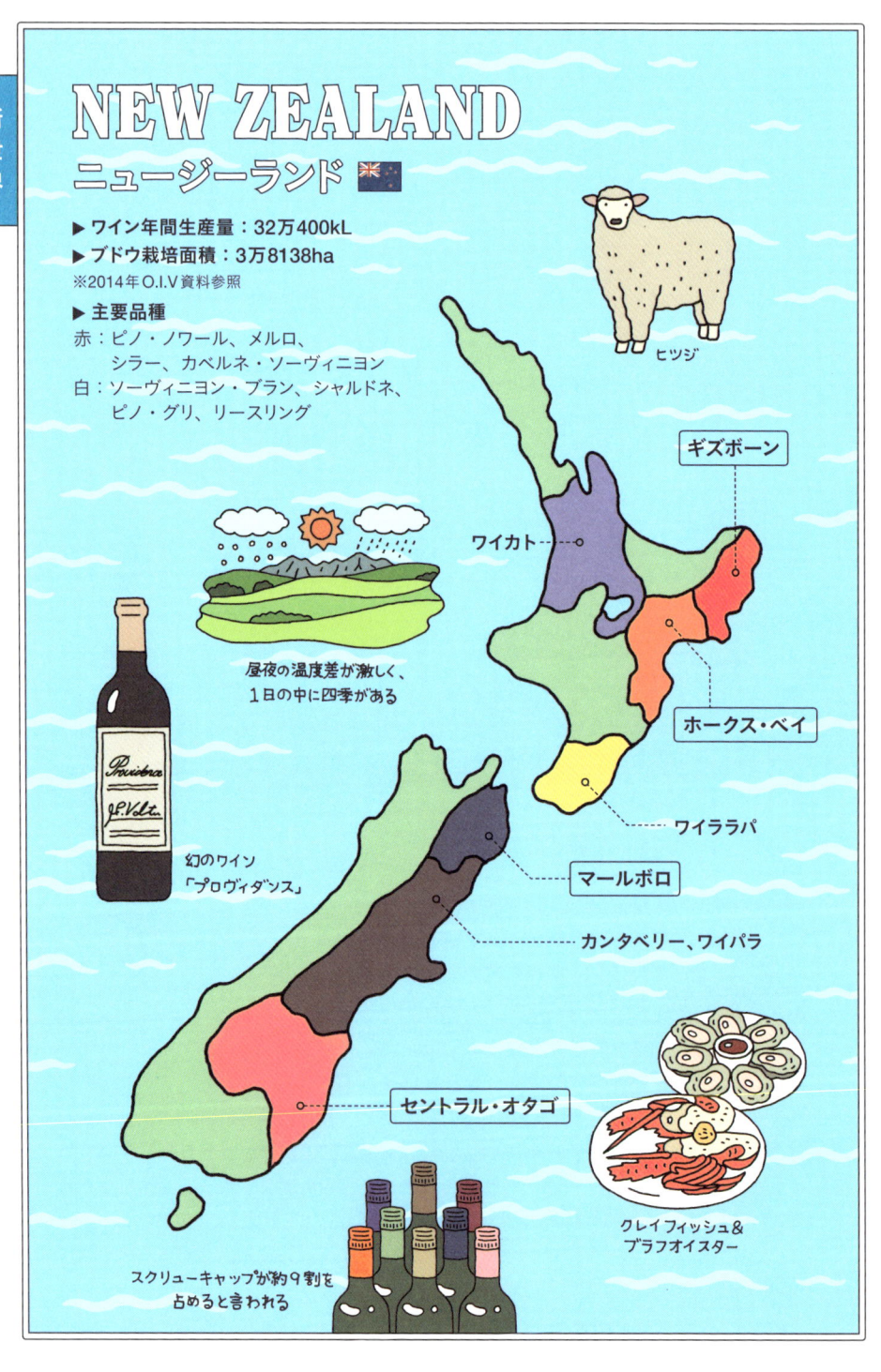

ヒツジ

昼夜の温度差が激しく、
1日の中に四季がある

幻のワイン
「プロヴィダンス」

ギズボーン

ワイカト

ホークス・ベイ

ワイララパ

マールボロ

カンタベリー、ワイパラ

セントラル・オタゴ

クレイフィッシュ＆
ブラフオイスター

スクリューキャップが約9割を
占めると言われる

# ニュージーランドのワイン話

**TIPS 1** ニュージーランドの **ソーヴィニヨン・ブラン**は外せない！

20世紀末ごろから急激に成長を遂げている、新世界の中でも大注目のニュージーランド。以前はリースリングが主要品種だったが、1980年代後半に登場したソーヴィニヨン・ブランがワイン業界で絶賛されたことにより、現在ではニュージーランドを代表する品種として栽培量を急激に増やしている。そんな中、特に別格と言われているのが、国内のワイン生産量のおよそ半分を占めるマールボロ地区。ソーヴィニヨン・ブラン特有の爽やかなハーブ香にトロピカルフルーツのような果実味が見事に調和した味わいは、ヨーロッパで従来親しまれていた同品種のワインとは一線を画し、"ソーヴィニヨン・ブランのお手本"とまで言わしめた。ニュージーランドワインを世界レベルに押し上げ、一大ブームを巻き起こした味わいは一度お試しあれ！

**TIPS 2** 1日の中に四季がある！特徴的な気候を生かしたワイン造り

ニュージーランドは、季節による気温差はそれほど大きくないが、「1日の中に四季がある」と言われるほど1日の気温差が激しいのが特徴。新世界の中では珍しく冷涼な気候であることから、"南半球のドイツ"とも呼ばれている。この特徴的なテロワールにより、ブドウはゆっくりと熟し、豊かな果実味とすっきりとした美しい酸味を持つエレガントなワインが生まれる。

**TIPS 3** ニュージーランドが誇る幻の最高級ワイン「プロヴィダンス」

著名なワイン評論家ステファン・タンザー氏から絶賛を浴び、ニュージーランドの高級赤ワインとして確固たる地位を築いた「プロヴィダンス」。たった2haしかない自社畑は、オークランドから北へ約60km離れたマタカナにあり、国内でも降水量が少なく日照時間の長いワイン造りに適している。ときに18度を超える昼夜の温度差も手伝い、凝縮感のある上質なワインに仕上がる。また、除草剤や化学肥料を使わず丁寧に手摘みで収穫したブドウを使っているのも魅力。天然酵母のみで丁寧に発酵を行った奥深い味わいは、世界中のワイン愛好家をとりこにし、生産数の少なさからプレミア化している。

# CHILE

## チリ 🇨🇱

- ▶ ワイン年間生産量：
  100万3000kL
- ▶ ブドウ栽培面積：
  21万2870ha
  ※2014年 O.I.V 資料参照
- ▶ 主要品種
  赤：カベルネ・ソーヴィニョン、
  　　メルロ、カルメネール
  白：シャルドネ、ソーヴィニョン・ブラン

アルゼンチン

コキンボ

セビーチェ

アルパカ

アコンカグア

アコンカグア・ヴァレー

カサブランカ・ヴァレー

サン・アントニオ・ヴァレー

マイポ・ヴァレー

カチャポアル・ヴァレー

セントラル・ヴァレー

コルチャグア・ヴァレー

クリコ・ヴァレー

マウレ・ヴァレー

スール（南部）

イタタ・ヴァレー

ビオ・ビオ・ヴァレー

マジェコ・ヴァレー

ポンチョ

チリカベ

フィロキセラから
ブドウを守った土壌

# チリのワイン話

---

## 【 ワインのツボ 】

**POINT 1**
日本のワイン輸入量第1位

**POINT 2**
フィロキセラから唯一守られた産地

**POINT 3** フランスの著名ワイナリーと
手を組んだ高級ワインも多い

---

**TIPS 1**
「**チリカベ**」でおなじみ！
輸入量No.1になった
日本で大人気のチリワイン

「チリカベ（チリのカベルネ・ソーヴィニヨン）」の愛称で知られるチリワイン。ハズレの少ないリーズナブルなワインとして人気を集め、輸入量はこの10年間で約7倍の規模に拡大。イタリアやスペインを大きく上回り、2015年にはワインの本場フランスを抜いて輸入量1位に躍り出た。コストパフォーマンス抜群で、コンビニエンスストアやスーパーでも簡単に入手できることから、チリワインの人気は確固たるものとなった。また、2007年に日本とチリの間で「経済連携協定（EPA）」を発効したことで、関税が年々下がってきているのもポイント。2019年には無税となる予定で、今後は低価格帯のワインだけでなく、中価格帯から高級ワインまで幅広いチリワインが日本に入ってくることが予想され、ワイン業界がまた一層盛り上がりそうだ。

**TIPS 2**
ヨーロッパを震撼させた
害虫**フィロキセラ**から
ブドウを守ったテロワール

フィロキセラはアブラムシの一種で、19世紀後半にヨーロッパのワイン産地を襲い、ブドウ樹を次々と枯らしたことで知られる。その後、フィロキセラは世界中に拡散していったが、唯一難を逃れることができたのがチリ。チリは、アンデス山脈やアタカマ砂漠、冷たい寒流が流れ込む大西洋、氷河など、天然の障壁に囲まれていることから害虫の侵入を受けなかったとされている。ちなみに、フィロキセラによって絶滅したとされていたボルドー原産のブドウ品種カルメネールが、チリで再発見されたとして業界内で大ニュースとなったのは1994年のこと。今ではチリの代表品種として愛されている。

**TIPS 3**
格安ワインだけじゃない！
海外の有名ワイナリーと
コラボした高級ワインも

チリはブドウ栽培に適した気候であることから、著名な造り手が多く進出し、品質を極限まで追求した高級ワインが多数生まれている。チリ最大のワイナリー「コンチャ・イ・トロ」と、五大シャトーの一翼を担う高級ワイン「シャトー・ムートン・ロスチャイルド」を手掛ける「バロン・フィリップ・ド・ロスチャイルド」社による共同生産ワイン「アルマビバ」が有名だ。

# ARGENTINA
## アルゼンチン

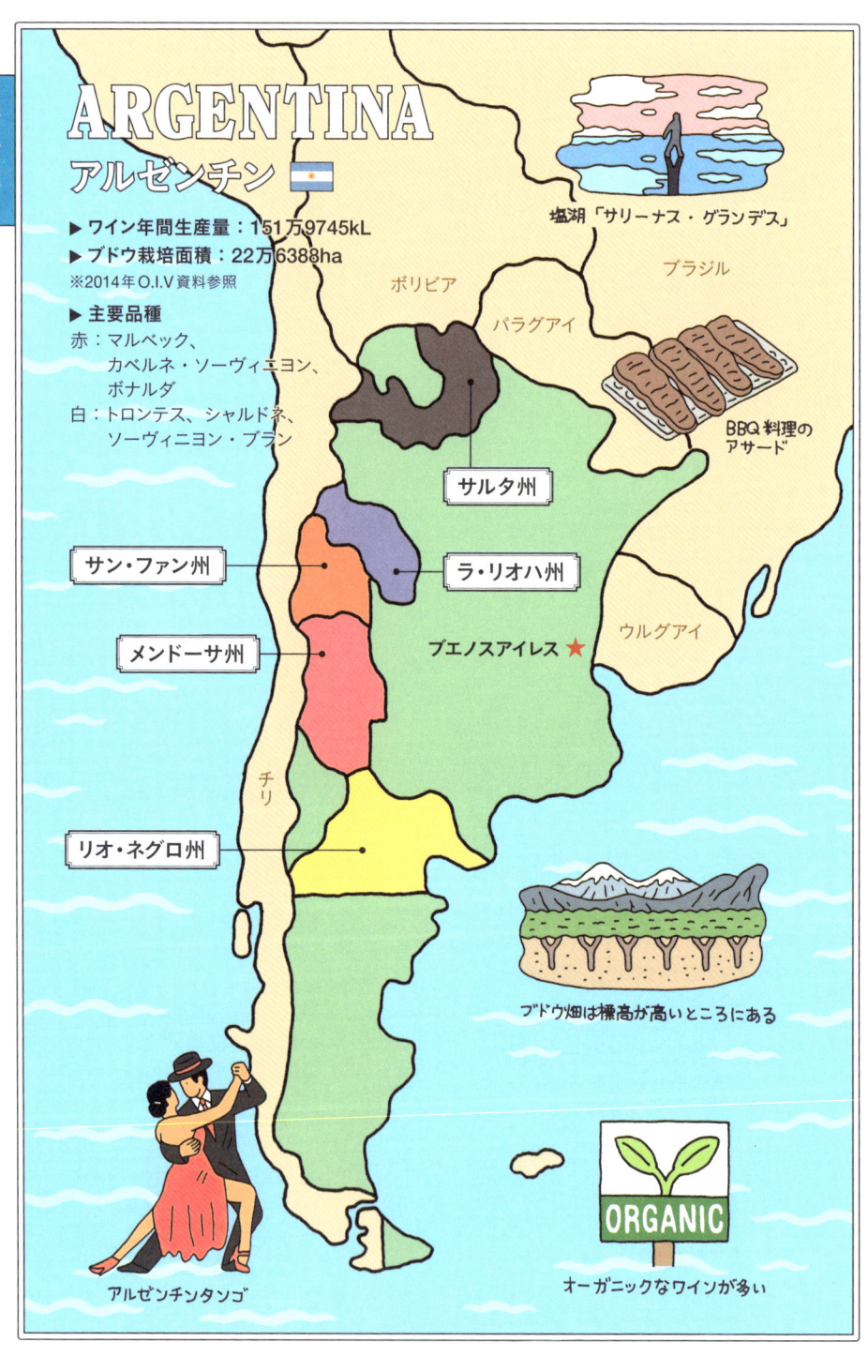

- ▶ ワイン年間生産量：151万9745kL
- ▶ ブドウ栽培面積：22万6388ha

※2014年 O.I.V 資料参照

- ▶ 主要品種

赤：マルベック、
　　カベルネ・ソーヴィニヨン、
　　ボナルダ
白：トロンテス、シャルドネ、
　　ソーヴィニヨン・ブラン

塩湖「サリーナス・グランデス」

ボリビア

ブラジル

パラグアイ

BBQ料理の
アサード

サルタ州

サン・ファン州

ラ・リオハ州

メンドーサ州

ブエノスアイレス ★

ウルグアイ

チリ

リオ・ネグロ州

ブドウ畑は標高が高いところにある

ORGANIC

アルゼンチンタンゴ

オーガニックなワインが多い

120

# アルゼンチンのワイン話

## TIPS 1 個性派ブドウの マルベック＆ トロンテス

アルゼンチンを代表する黒ブドウ品種のマルベックは、しっかりしたタンニンとクセの強い味わいが特徴。フランスではブレンドする際の補助品種として使われることが多いが、アルゼンチンでは主役として活躍。単一品種やマルベックを主体としたブレンドワインになることで味わいがガラッと変わり、濃厚でフルーティーな口当たりとなる。アルゼンチンの中で最も生産量が多いメンドーサ州では、マルベックを主体にカベルネ・ソーヴィニヨンやピノ・ノワールをブレンドし、チリよりも豊満で力強い味わいの赤ワインが生み出されている。一方、白ワインではアルゼンチンの土着品種トロンテスが有名。トロンテスの産地として知られるラ・リオハ州では、マスカットに似た甘く華やかな香りと爽やかな酸味を持つ、上質な白ワインが生まれる。

## TIPS 2 世界でも類を見ない 標高の高い山岳部で ブドウが造られる

アンデス山脈の東側に位置するアルゼンチンは、ブドウ畑が標高800〜1,200mほどの高い場所に作られることが多い。西側に位置するチリとは違い、太平洋からの冷涼な風が届かず、大陸性気候の影響を受けた温暖な気候で、夏季には最高気温が40度にも達する。昼夜の寒暖差が激しいのも特徴で、日照量もしっかり確保でき、ワイン造りに適したテロワールになっている。一方で、アンデス山脈から吹き下ろす風の影響で1年を通して乾燥しているため、灌漑が欠かせない。灌漑にはアンデス山脈からの雪解け水を利用していて、これによりミネラルを豊富に含んだワインが生まれる。

## TIPS 3 農薬を使わないのが当たり前!? オーガニックワインの 隠れた名産地

アルゼンチンは標高が高く、乾燥した気候のため、ブドウ栽培に影響を与える病害虫が発生しにくい。そのため、除草剤や殺虫剤を使わずともブドウが健康に育ち、環境に配慮した栽培が可能なので、生産者の多くがオーガニックワインを手掛がけている。クリスタルガラスで有名なスワロフスキー社が所有し、日本でも有名なワイナリー「ボデガ・ノートン」もその一つだ。

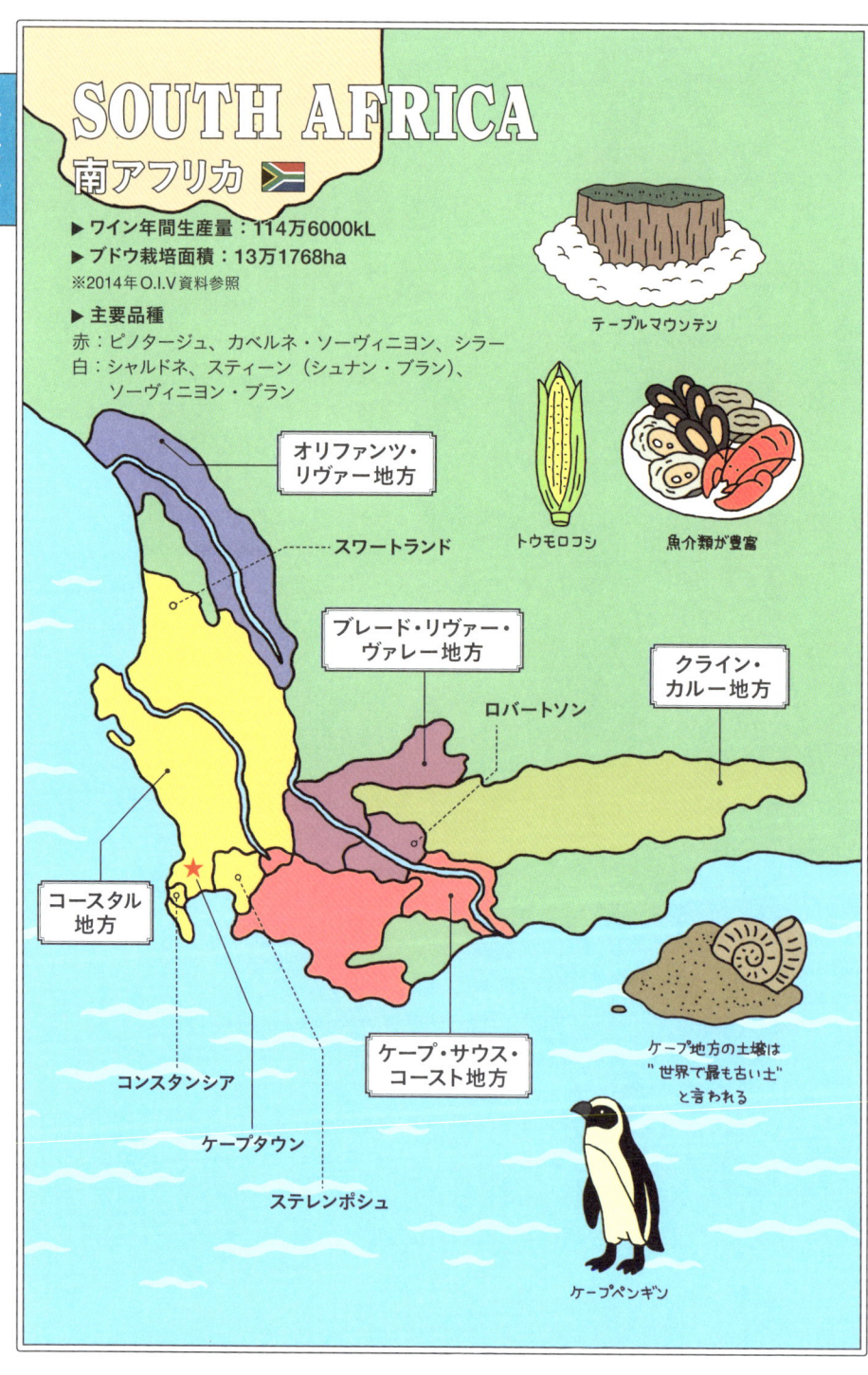

# SOUTH AFRICA
## 南アフリカ

▶ ワイン年間生産量：114万6000kL
▶ ブドウ栽培面積：13万1768ha
※2014年 O.I.V 資料参照

▶ 主要品種
赤：ピノタージュ、カベルネ・ソーヴィニヨン、シラー
白：シャルドネ、スティーン（シュナン・ブラン）、
　　ソーヴィニヨン・ブラン

テーブルマウンテン

トウモロコシ

魚介類が豊富

オリファンツ・リヴァー地方

スワートランド

ブレード・リヴァー・ヴァレー地方

ロバートソン

クライン・カルー地方

コースタル地方

ケープ地方の土壌は"世界で最も古い土"と言われる

コンスタンシア

ケープ・サウス・コースト地方

ケープタウン

ステレンボシュ

ケープペンギン

# 南アフリカのワイン話

## TIPS 1 アパルトヘイト撤廃後
貿易が国際化！
ワイン文化が急成長している

「南アフリカでワインが造られているの？」と驚く人もいるかもしれないが、実はコストパフォーマンスに優れた良質なワインの産地として、年々注目が高まっている場所だ。1994年のアパルトヘイト撤廃以降、南アフリカは貿易面でも国際化が進み、2000年以降になると加速度的にワイナリーが急増している。南アフリカワインの中心的産地ステレンボシュには、ワインの醸造学や栽培学を学べる「ステレンポシュ大学」があり、研究施設も充実。多くの有名な醸造家を輩出している。また、海外からやってくる造り手も多く、さまざま人が集まって新しいテイストのワインを自由に生み出しているのも特徴だ。現在は安価なテーブルワインが主流だが、技術が急激な進歩を続けている今、高価格帯の上質なワインが出てくるのも時間の問題だろう。

## TIPS 2 南アフリカ独自の交配品種
ピノタージュは
どんな料理とも合う！

南アフリカ独自の品種ピノタージュは、ピノ・ノワールとサンソーを交配した黒ブドウだ。発育が速く、高い糖度を持ち、病害にも強いという特性を持っている。ピノ・ノワールのように軽やかな味わいもあれば、濃厚でどっしりとした味わいのものもあり、総じてバランスの良いミディアムボディだ。幅広い料理と合わせることができることから、日本でも注目され始めている。

## TIPS 3 「KWV」は
南アフリカワイン発展の
立役者

今でこそ順調に発展を遂げている南アフリカワインだが、昔は産業としての意識が希薄で、成長が伸び悩んでいた時期もあった。そうした事態を打開するため、ブドウ栽培農家によって1918（大正7）年に設立されたのが「KWV（南アフリカブドウ栽培協同組合）」。ワインの品質向上や輸出増進のために働きかけるだけでなく、独自の品種ピノタージュを誕生させたほか、冷却ろ過の技術を採用するなど、数々の実績を残した。近年では、栽培や醸造の最新技術も積極的に導入し、生産者たちのスキルが革新的に向上。クオリティーの高いワインが多く現れ、世界的なコンテストで評価を得るものも。

# THAILAND
## タイ 🇹🇭

▶ ワイン年間生産量：非公開
▶ ブドウ栽培面積：4838ha
※2014年 O.I.V 資料参照

▶ 主要品種
赤：ポックダム、シラーズ
白：マラガ・ブラン、シュナン・ブラン

ラオス

ワインベースカクテル「SPY」

ミャンマー（ビルマ）

バンコク最古の寺院「ワット・ポー」

カオヤイ

バンコク

ホアヒンヒルズ

カンボジア

パタヤ

観光名所のブドウ園「シルバーレイク」

新緯度帯ワイン「モンスーンバレー」

マレーシア

トムヤムクン

# タイのワイン話

【 ワインのツボ 】

**POINT 1** ワインの新たな生産地「新緯度帯」

**POINT 2** タイの国民的アルコール飲料「モンスーンバレー」「SPY」

**POINT 3** 初めてタイワインを造った「PB バレー・カオヤイ・ワイナリー」

## TIPS 1 ワインの常識を打ち破る「新緯度帯ワイン」

これまでワインの産地は、北緯30〜50度、南緯20〜40度が最適な緯度帯とされてきた。しかし近年、温暖化の影響や醸造技術の発達により、北緯13〜15度に位置するタイや、北緯50度以北のオランダ、デンマーク、ポーランドなどでもワインが造られるようになった。ヨーロッパ諸国の「旧世界」やワイン新興国の「新世界」と並び、「新緯度帯」と呼ばれて注目を集めている。生産量はまだ少ないが、クオリティーの高いワインも続々と登場中だ。

## TIPS 2 タイで大人気！「モンスーンバレー」&「SPY」

シンハービールと並ぶ勢いで人気があるのが、東南アジア最大規模を誇るワイナリー「サイアム・ワイナリー」の代表銘柄「モンスーンバレー」。ホア

ヒンヒルズなど国内に3ヵ所の自社畑を持ち、国外にも多く輸出していて、日本でも「タイワインと言えばこれ」というほどポピュラーな存在になっている。土着品種によるふくよかでフルーティーな味わいは、ハーブやスパイスの効いたピリッと辛いタイ料理と相性抜群だ。また、女性から人気を集めているワインベースのカクテル「SPY」もおすすめ。日本でも手軽に入手できるので、タイを代表するアルコールドリンクとして覚えておきたい。

## TIPS 3 タイワインのパイオニア「PBバレー・カオヤイ・ワイナリー」

タイの避暑地としても有名なワインの産地カオヤイ。広大な高原地帯が広がるこの場所で、初めて国産ワインを造ったのが、タイで最も古いワイナリーと言われる「PBバレー・カオヤイ・ワイナリー」だ。高原特有の気候と土壌を生かして造られるワインは飲みやすいライトボディが多く、世界の品評会で賞を受賞したものも。約400haの広いワイナリーには宿泊施設やレストランが併設され、ブドウの収穫から醸造までの過程が見られるツアーも開催される。フランスやオーストラリアでワインの醸造技術を学んだ気鋭のワイナリー「グランモンテ・アソーク・バレー」と並んで、タイの二大ワイナリーと呼ばれている。

# JAPAN

## 日本 🇯🇵

▶ ワイン年間生産量：7万7400kL
▶ ブドウ栽培面積：1万8705ha
※2014年O.I.V資料参照

▶ 主要品種
赤：マスカット・ベーリーA、メルロ、
　　カベルネ・ソーヴィニヨン、ピノ・ノワール
白：甲州、シャルドネ、リースリング、
　　ケルナー、ミュラー・トゥルガウ

中華人民共和国

ロシア

朝鮮民主主義
人民共和国

大韓民国

日本人で初めて
ワインを飲んだのは
織田信長という説も

すき焼き

寿司

天ぷら

北海道

マスカット・ベーリーA

山形県

冷涼な気候

長野県

山梨県

新しいワイナリーが次々と誕生

甲州

日本の代表品種・甲州

山梨大学には
ワイン科学研究センターがある

# 日本のワイン話

【 ワインのツボ 】

**POINT 1** 「日本ワイン」は、国産ブドウを使って国内で醸造したものだけ

**POINT 2** 北海道や長野にできた「ワイン特区」が注目を集めている

**POINT 3** 白ワインなら「甲州」、赤ワインなら「マスカット・ベーリーA」

## TIPS 1 「日本ワイン」と「国産ワイン」は違う!

「日本ワイン」と「国産ワイン」の違いをご存知だろうか? 実は、「日本ワイン」とは日本で栽培されたブドウを使用し、国内で造られたワインと定義付けられている。しかしこの基準は、ごく最近作られたもの。日本ではこれまで、ヨーロッパ諸国にある「ワイン法」のような、明確なワインのルールが存在しなかった。そのため、ときには海外から輸入したブドウや濃縮果汁などを使用して国内で造られる「国産ワイン」と一緒くたにされて販売されていたことも。ところが近年、国内でワインの生産者が急増し、クオリティーの高いワインが続々と登場。「日本ワイン」のブランド価値を高めようとする風潮が高まり、明確な基準を設ける必要性が高まった。この基準には、「日本ワイン」の定義とともに、産地名やブドウ品種、収穫年に関するルー

ルも盛り込まれている。産地に関しては、その地域で育てたブドウを85%以上使用しなければ、産地名をラベルに表示できないようになる。ワインは、産地ごとの土壌や気候を色濃く反映するため、産地が変われば個性も変わる。ルールを決めることは、ワインの魅力を最大限伝えることにもつながっているのだ。国税庁がこの表示ルールを策定したのが、2015年10月。2018年10月から施行されているので、ぜひチェックしてみよう。

### 2018年10月から変わった「日本ワイン」の表記例

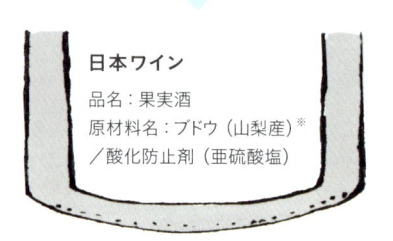

日本ワイン
品名:果実酒
原材料名:ブドウ(山梨産)※
/酸化防止剤(亜硫酸塩)

※従来の「日本産」に代えて地域名（「東京産」など）を表示することが可能（国税庁のHPを参照）

## TIPS 2 北海道や長野に新しいワイナリーの集まる「ワイン特区」が登場!

現在、国内には280以上のワイナリーがあり、山梨や長野、北海道、山形を筆頭に、全国各地でワイン造りが広まっている。特に、ワイナリーの数を急激に伸ばしているのが、北海道と長

野だ。北海道では2008年以降、毎年新たなワイナリーが生まれており、自社畑で栽培したブドウのみでワイン造りを行う「ドメーヌ」スタイルの生産者が注目を集めている。一方、長野は内陸性気候で昼夜の温度差が激しく、雨量が少ないという特徴を持ち、良質なブドウを生み出す銘醸地。南北に長いため、気象条件も少しずつ異なり、多彩な品種のブドウ栽培を行うことができるのも魅力だ。ワイン産地として急成長を遂げている北海道と長野で特筆すべきなのは、いずれも「ワイン特区」を導入していること。北海道では、余市の「北のフルーツ王国よいちワイン特区」、長野では「千曲川ワインバレー」が有名だ。これは政府が認定する制度で、小さな規模からでもワイナリーを立ち上げられるとあって、若い造り手が驚くほどのスピードで増えている。日本ワインの生産量トップを走る山梨に引けを取らず、国際コンクールで認められる個性的なワインも続々登場しているので、ますます注目だ。

### TIPS 3 世界が絶賛！
和食と相性抜群の
日本が誇る「甲州」

日本を代表するブドウ品種といえば、ズバリ「甲州」。日本ワインに最も多く使われる白ブドウ品種で、昔は香りや味わいが乏しいと言われてきたが、技術の発展により軽やかで繊細な味わいを持つ上質なワインが生まれるようになった。近年では、フレッシュ系からコクのあるまろやかなタイプまで幅広いラインナップが登場し、海外から高い評価を受けるものも増えている。和食や魚介と相性が良く、他のワインが敬遠する発酵系の食材とも合わせやすい。「日本ワイン」のポテンシャルの高さを強く実感できるはずだ。

### TIPS 4 日本が独自に交配した
チャーミングな味わいの
「マスカット・ベーリーA」

日本独自の品種として知られる「マスカット・ベーリーA」。1927（昭和2）年、新潟のブドウ園で川上善兵衛が交配した品種で、アメリカ系ブドウのベリー種と、ヨーロッパ系の黒い皮を持つマスカット・ハンブルグが両親だ。赤い果実やイチゴキャンディーを連想させる甘い香りが特徴で、渋味が少ないチャーミングな味わいが特徴。フレッシュな早飲みタイプが多いが、濃厚な長期熟成タイプも増えており、ワイン愛好家の期待を集めている。

### TIPS 5 日本で初めて
ワインを飲んだのは、
織田信長かも!?

ブドウ酒が日本になじみ始めたのは戦国末期、しかも織田信長が愛飲したという説がある。これは、1549（天文18）年、ポルトガルの宣教師フランシスコ・ザビエルが日本に上陸した際に持ち込んだという赤ワイン（ポルトガル語でチンタ・ヴィーニョ）が発端。当時のワインは、ミサの儀式や薬として使われることがほとんどだったが、信長は「珍陀酒（ちんたしゅ）」と呼んで愛飲し、戦国武将の間でもたしなまれるようになったと言われている。

# 「オーガニックワイン」って何?

有機栽培されたブドウを使用し、
添加物になるべく頼らずに造られた、ナチュラルなワインのこと。

## POINT 1 ブドウの育て方

化学肥料の使用を控えて栽培を行うため、ブドウ樹の根が縦にしっかりと伸び、地中深くの豊富なミネラル分を吸収することができる。また、殺虫剤や農薬を使用しないため、豊かな土壌に住む虫や微生物をむやみに排除することなく、自然に近い状態の土壌でブドウが育つ。

## POINT 2 ワインの造り方

ブドウの表面についた自然の酵母を生かして発酵させ、化学物質や添加物を極力使わないことで、ナチュラルなワインを造り出す。また、ノンフィルター(無ろ過)や軽いフィルタリングのみで瓶詰めされるものが多いため、ワインの中に澱(おり)が残ったままになる。

## POINT 3 香り・味

### 香り

高品質のものはとても生き生きとしていて、品種の個性を特に強く感じられる。中には、醸造時に含まれる酸素の量によって、動物臭や硫黄のような香りがするワインも。

### 味

酸化防止剤の使用を控えているため、ブドウ本来の豊かな味わいを感じられ、エグ味の少ない優しい飲み口になる。芯のあるしっかりとした酸味も味わえる。

## POINT 4 認証マーク

【 Euroleaf 】

【 demeter 】

【 ECOCERT 】

【 BIODYVIN 】

認証機関は独自の規制がある国や組合から成り立っている。表示の義務はなく、あえてラベルに記載しない造り手も多い。

## オーガニックワインの究極形! ビオディナミ農法

有機ワインの農法の中でも、特に厳格な農法と言われているのが「ビオディナミ農法」。オーストリアの学者ルドルフ・シュタイナー氏によって提唱されたのをきっかけに、ヨーロッパを中心に世界各国のワイナリーで注目され始めている。化学肥料の不使用だけでなく、自然の力を利用してブドウ栽培を行うのが特徴。牛糞や水晶などを用いた調合剤をブドウ畑に撒いたり、月や惑星の天体の動きを重視して農作業を行うタイミングを決めたり、自然の摂理に則った独特な農法で知られている。また、栽培だけでなく、醸造や瓶詰めの方法にもルールが細かく決められている。

### ビオディナミ農法のユニークな一例

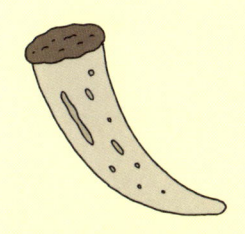

#### 牛の角に詰めた牛糞

ビオディナミ農法の中でも特に有名な調合剤の一つ。牛糞を雌牛の角に詰め、冬の間地中に埋めておき、春頃に中身を水で薄めてブドウ畑に散布する。土壌に活力を与え、ブドウ樹の根の成長を促すとされている。

#### 水晶の粉末

水晶(長石や石英)を細かく粉末状にして牛の角に詰める。夏の間地中に埋めておき、秋に取り出して水で薄めてからブドウ畑に撒く。葉に光を集める働きがあるとか。日本でも取り入れるワイナリーが増えている。

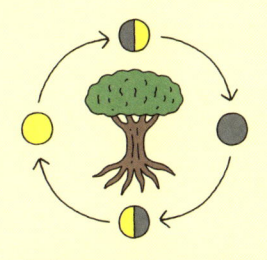

#### 農業暦

太陰暦や占星術に基づいた農法。太陽、月、惑星、地球の位置関係を元に、栽培の時期や工程を決める。例えば月の場合、葉や根は月が満ちる時期に成長し、開花や結実は月が欠ける時期に盛んになると言われている。

## オーガニックの農法とその他の農法

### ビオロジック農法

- 化学物質や添加物を一切使わない
- 公的機関による監査を受け、認証資格の取得が必要
- 化学物質の使用を、3年以上中止した畑で栽培

### サスティナブル農法

- 環境問題にも配慮した上で、減農薬によって行う農法
- 必要な場合のみ、限られた範囲で農薬を使用する
- 有機農法への挑戦の第一歩として取り組む造り手も

### 近代農法

- 害虫やウィルスからブドウを効率的に守る農法
- 農薬散布を行っても良い
- 除草剤や殺虫剤、化学肥料の使用が認められている

## 世界のオーガニックワイン事情

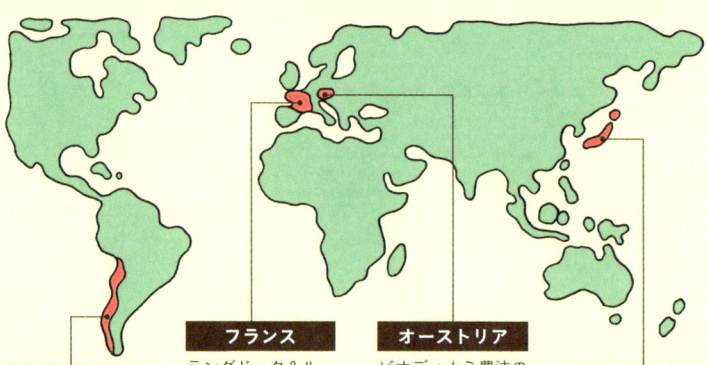

### チリ
降水量が少なく乾燥したチリの気候は、オーガニックワインを造るのに最適。フィロキセラの被害もないため、有機農法に取り組みやすい。

### フランス
ラングドック＆ルーション地方はオーガニックワインの比率が高い。ボルドー地方やブルゴーニュ地方でも、ビオディナミ農法が徐々に広まりつつある。

### オーストリア
ビオディナミ農法の創始者ルドルフ・シュタイナー氏の母国。オーガニックワインの先進国であり、家族でオーガニックワインを造るワイナリーも多い。

### 日本
湿度の高さでオーガニックワイン造りに苦労してきたが、近年では有機認証を獲得する挑戦的なワイナリーも増え始めている。

## オーガニックワイン（自然派ワイン）の歴史

### 1960年代以前
**無農薬・無添加が当たり前**
農薬や化学肥料がまだ存在していなかった時代。そのため、ブドウ栽培やワイン造りは自然の力のみで行っていた。

### 1960〜1970年代
**フランスに"自然派ワインの祖"が登場**
農薬や化学肥料の使用が広まる中、ジュール・ショヴェ氏が自然酵母で発酵し、酸化防止剤を控えたワインを造った。

### 1980年代
**フランスの自然派ワインが本格始動！**
マルセル・ラピエール氏によって本格的に自然派ワインの製造が始まる。その後、フランス全土に急速に広がっていく。

### 1990〜2000年代
**不良の自然派ワインが出回る……**
自然派ワインブームで利益追究する造り手が現れたことで、品質に欠陥のあるワインが多く流通し、評判が落ちる。

### 2010年代
**クオリティー重視の時代に突入**
さまざまな調合剤や農法が生まれ、高品質な自然派ワインが続々と登場。ワインの中で新たなカテゴリーが確立された。

### 2020年代
**オーガニックワインブームが加速！**
ヨーロッパにおけるシェアは安定して拡大中。新世界でも注目が増し、世界各国でオーガニックワインの醸造が盛んに。

CHAPTER

4

ワインを味わう

もう怖くない！

# お店でワインを 注文しよう

お店でワインを頼むのは勇気がいるものだが、
恥ずかしがったり、格好つけたりしなくて大丈夫！
注文のコツや料理とのペアリングの基本を
押さえて、後はソムリエにお任せしよう。
事前にワインのマナーをチェックするのは忘れずに！

# ワインの選び方

予算や飲みたいワインの気分によって、
ある程度当たりを付けておくと、お店に着いたときも慌てなくて済む。
下記のチャートで、今日の"ワインのタイプ"をチェックしてみよう！

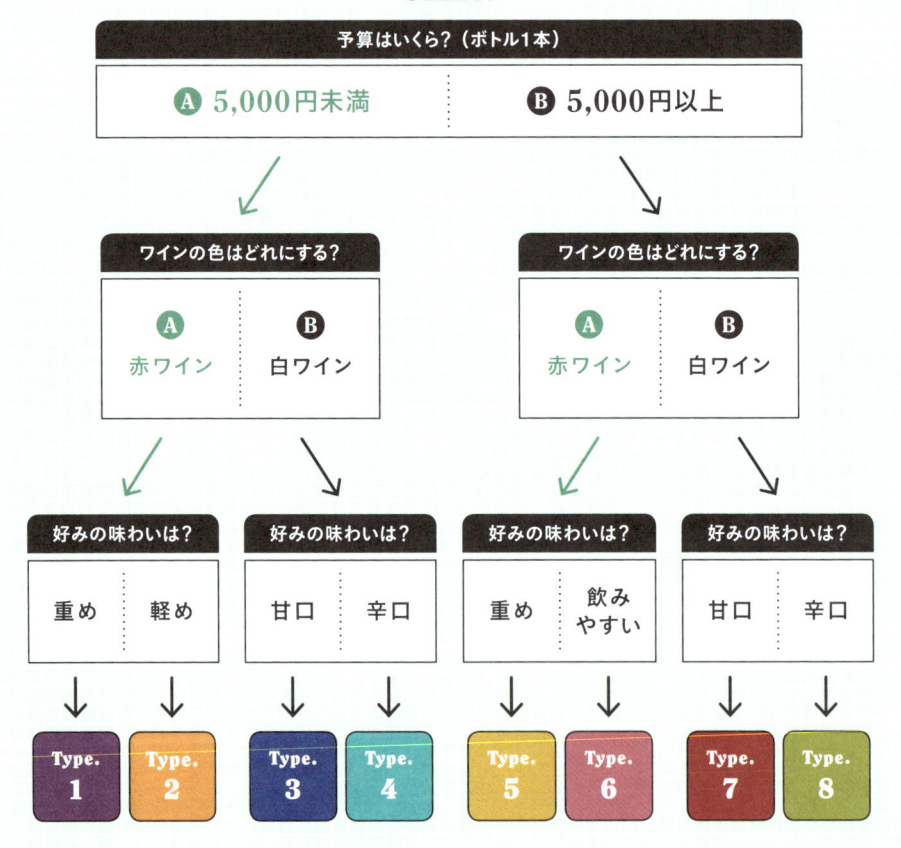

ワインチャート

**START!**

予算はいくら？（ボトル1本）

Ⓐ 5,000円未満　　　Ⓑ 5,000円以上

ワインの色はどれにする？

Ⓐ 赤ワイン　Ⓑ 白ワイン

ワインの色はどれにする？

Ⓐ 赤ワイン　Ⓑ 白ワイン

好みの味わいは？
重め｜軽め

好みの味わいは？
甘口｜辛口

好みの味わいは？
重め｜飲みやすい

好みの味わいは？
甘口｜辛口

Type. 1　Type. 2　Type. 3　Type. 4　Type. 5　Type. 6　Type. 7　Type. 8

おすすめのタイプは右ページでチェック！

## Type.1

リーズナブルに濃厚な赤ワインを楽しみたいなら、新世界の産地を選んでみて。特に、チリのカベルネ・ソーヴィニヨン、オーストラリアのシラーズ、アルゼンチンのマルベックは、インパクトのある分かりやすい味わいで人気が高い。

- ● チリのカベルネ・ソーヴィニヨン
- ● オーストラリアのシラーズ
- ● アルゼンチンのマルベック

## Type.2

比較的手頃で軽めのワインを選ぶなら、フランスのガメイや日本のマスカット・ベーリーAのワインをセレクト。渋味が強すぎず、ほのかな甘みを感じるものも多いので飲みやすい。「赤ワインは苦手」という人にも。

- ● フランス・ブルゴーニュ（ボージョレ）の
  ガメイ
- ● ニュージーランドのピノ・ノワール
- ● 日本のマスカット・ベーリーA

## Type.3

ドイツの甘口ワインは甘いだけでなく心地よい酸味があって飲み飽きないのが特徴。また、カナダのアイスワインや、フランス・アルザスの遅摘みブドウを使った白ワインも、チャーミングな甘みがあって飲みやすい。

- ● ドイツの甘口ワイン
- ● カナダのアイスワイン
- ● フランス・アルザスの遅摘みブドウのワイン
  （ヴァンダンジュ・タルディヴ）

## Type.4

手頃な辛口白ワインなら、品質が安定したニュージーランドがおすすめ。特に、マールボロ地区で造られるソーヴィニヨン・ブランの白ワインは世界標準と言われるほど鮮烈なハーブの香りとエッジの効いた果実味があるのでクセになる。

- ● ニュージーランド（マールボロ）の
  ソーヴィニヨン・ブラン
- ● チリのシャルドネ
- ● ドイツのリースリング

## Type.5

ある程度奮発できるなら赤ワインの最高峰であるボルドーワインは外せない。また、イタリアで一大ムーブメントを起こしているスーパータスカンと呼ばれるワインや、アメリカのナパバレーのワインもクオリティーが高くておすすめ。

- ● フランス・ボルドー（オー・メドック）
- ● イタリアのスーパータスカン
- ● アメリカ・カリフォルニア（ナパ）

## Type.6

フランスのブルゴーニュで造られるピノ・ノワールの赤ワインは、軽やかな口当たりと果実味豊かなエレガントな味わいを楽しめる。また、濃厚なワインでも熟成させると渋味がまろやかになって飲みやすくなるので、古酒を選ぶのも手。

- ● フランス・ブルゴーニュ（コート・ド・ニュイ）
- ● フランス・ボルドー（10年以上熟成した古酒）
- ● ドイツのシュペートブルグンダー
  （ピノ・ノワール）

## Type.7

5,000円以上の高価格帯で甘口の白ワインを選ぶなら、貴腐ワインがおすすめ。干しブドウ状になった糖度の高いブドウで造られる貴腐ワインは、トロリとした高級感のある甘みを堪能できる。デザートワインにも最適。

- ● フランス・ボルドー（ソーテルヌ）の貴腐ワイン
- ● ドイツの貴腐ワイン
  （トロッケンベーレンアウスレーゼ）
- ● ハンガリーの貴腐ワイン（トカイ）

## Type.8

クオリティーの高い辛口白ワインを飲みたいときは、フランスを軸に選べば外さないだろう。中でも、ブルゴーニュのコート・ド・ボーヌ地区で栽培されるシャルドネは、世界トップレベルの白ワインを生むと言われている。

- ● フランス・ブルゴーニュ（コート・ド・ボーヌ）
- ● フランス・ボルドー（グラーヴ）
- ● フランス・シャンパーニュのスパークリングワイン

# 注文の仕方

お店でワインを頼むのは緊張するものだが、
専門用語を使うことも、格好つけて知ったかぶる必要もない。
思い切って自分なりの注文の仕方を試してみよう。

◉ 価格帯で選ぶ　◉ 飲む量を伝える　◉ 好みの味わいや品種を伝える
◉ 苦手な味わいや品種を伝える　◉ 合わせたい料理を伝える
◉ 2軒目以降の場合は、どんな料理やお酒を頼んだか伝える
◉ 今日の気分を伝える　◉ ソムリエに全て委ねる
◉ ワインボトルのラベルで選ぶ

ソムリエは、ゲストとコミュニケーションを取ることで最適なワインを選ぶことができます。専門知識は必要ありませんので、分からないことがあれば何でも聞いてくださいね。

|||||||||| **"ホストテイスティング"って何？** ||||||||||

ホストテイスティングとは、「注文したワインの状態が悪くなっていないか」を確認するもの。ワインがおいしいかを確認したり、味の評価をしたりする場ではないので、気軽に実践してみよう。基本は男性、または食事の主催者が行い、ひと口飲んで不快な臭いや味がしなければ、「大丈夫です」と伝えるだけで大丈夫。

**STEP.1** ボトルを見せられたら、まずは注文した銘柄で間違いないかチェック。

**STEP.2** グラスに少しだけワインが注がれたら、色、香り、味わいの状態が問題ないかを確認。温度について希望があればここで伝えても良い。

**STEP.3** 問題なければ、「大丈夫です」「おいしいです」などと伝える。軽くうなずくだけでもOK。

# 注文するときの表現集

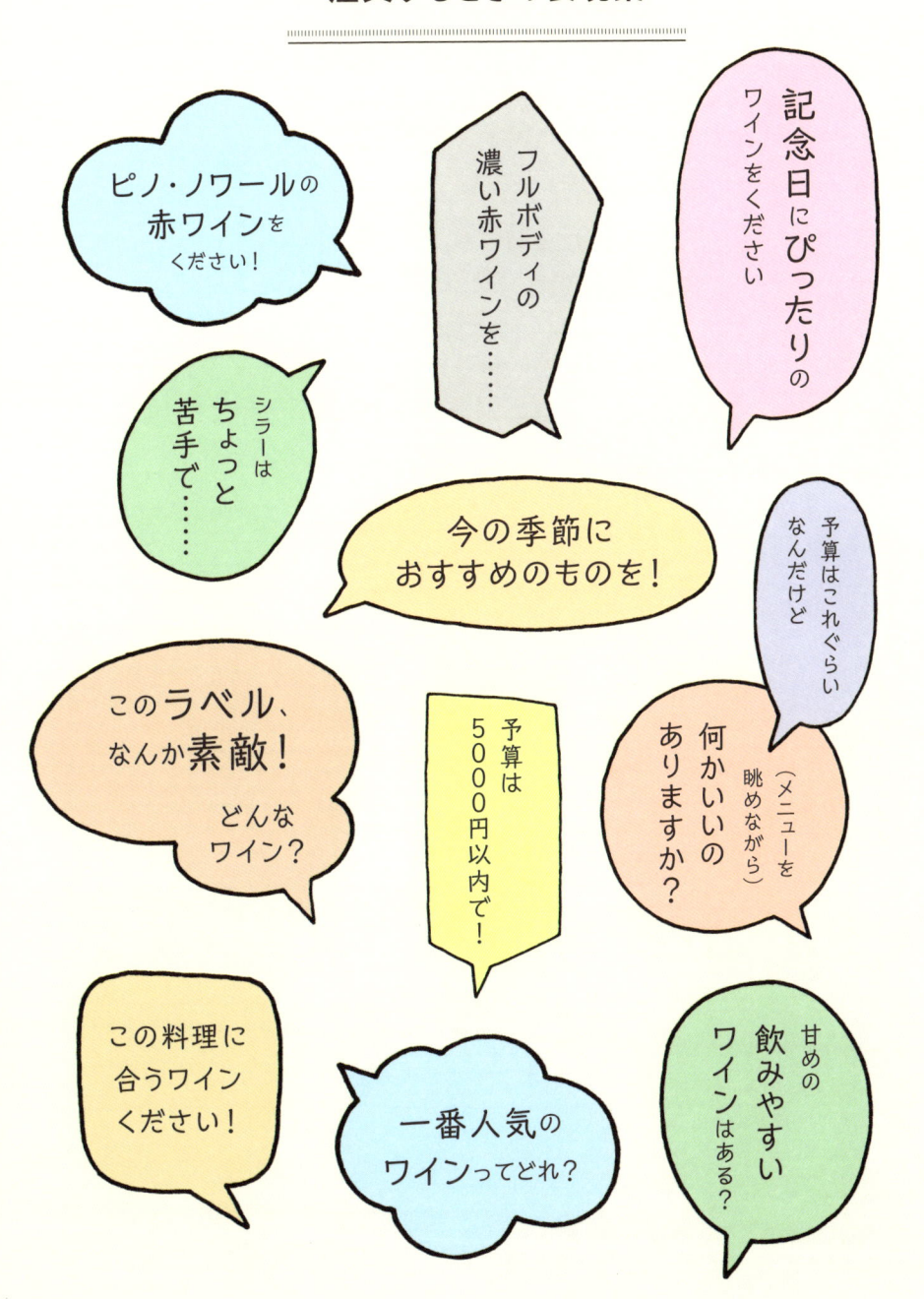

ピノ・ノワールの赤ワインをください！

シラーはちょっと苦手で……

フルボディの濃い赤ワインを……

記念日にぴったりのワインをください

今の季節におすすめのものを！

予算はこれぐらいなんだけど

（メニューを眺めながら）何かいいのありますか？

このラベル、なんか素敵！どんなワイン？

予算は5000円以内で！

この料理に合うワインください！

一番人気のワインってどれ？

甘めの飲みやすいワインはある？

# ワインの味わいを語る

おいしいワインを飲んだとき、その感動を上手に言葉にできたらもっと最高だ。
見た目や香り、味わいについて、感じたままに表現して、
ワインを一緒に楽しむ人と語り合ってみよう。

## 【ワインの味わいチェックリスト】
○を付けてみよう!

| | | |
|---|---|---|
| 外観 | 清澄度 | 透明 ・ 濁りあり ・ 輝きあり ・ 発泡あり ・ 澱あり |
| | 熟成度 | 若い ・ 中程度 ・ やや熟成 ・ 熟成が進んでいる |
| | 濃淡 | 淡い ・ 薄い ・ 中程度 ・ 濃い ・ 非常に濃い |
| | 色味 | 赤：黒色 ・ 紫色 ・ 赤色 ・ ルビー色 ・ ガーネット色 ・ オレンジ色<br>白：ほぼ透明色・黄色・緑がかった黄色・黄金色・こはく色 |
| 香り | 果実系 | カシス ・ フランボワーズ ・ ストロベリー ・ プラム ・ ブルーベリー ・ レモン ・ マスカット ・ 桃 ・ リンゴ ・ 洋ナシ ・ メロン |
| | 植物系 | 森の下草 ・ キノコ ・ ハーブ ・ 紅茶 ・ タバコ ・ ココナッツ ・ スギ ・ バニラ ・ コショウ ・ キノコ ・ 腐葉土 |
| | 花系 | バラ ・ スミレ ・ アカシア ・ ハチミツ ・ フルーツキャンディー |
| | 動物系 | ジビエ ・ なめし皮 ・ じゃ香(ムスク) ・ バター ・ ホイップクリーム |
| | ミネラル系 | 鉛筆の芯 ・ ミネラル ・ 鉱物 ・ 石油 ・ ヨード |
| | トースト系 | アーモンド ・ カラメル ・ トーストパン ・ コーヒー ・ キャラメル ・ くん製 |
| 味わい | 口当たり（アタック） | 弱い ・ 中程度 ・ 強い ・ なめらか |
| | コク（赤ワイン） | ライトボディ ・ ミディアムボディ ・ フルボディ |
| | 甘・辛（白ワイン） | 辛口 ・ やや辛口 ・ やや甘口 ・ 甘口 ・ 極甘口 |
| | 酸味 | あり ・ 中程度 ・ 低い |
| | 果実味 | 弱い ・ 中程度 ・ 強い |
| | 余韻 | 長い ・ 中程度 ・ 短い |

# ワインを語る表現集

## 赤ワインの場合

フランボワーズ
などの赤い果実の
**チャーミングな香り**

マイルドな渋味と
心地よい酸味があり、
**バランスの
良い上品な味わい**

美しく輝く
**ルビーのような
色合い**

**全体的に女性的**で、
しなやかな
曲線美を感じる

## 白ワインの場合

新緑のような
**生き生きとした
若さを持った**
ワイン

甘みはなく、
**かんきつ系のキュッと
締まった酸味を**
感じる味わい

ほのかに
**緑がかった
淡いイエローの**
色合い

ハーブを
感じさせる
**グリーンで
鮮烈な香り**

# 料理との合わせ方

ワインは料理との組み合わせ次第で
味わいをより深めることもあれば、逆に損なってしまう場合もある。
さまざまな合わせ方を試して、最高のペアリングを見つけてみよう。

## 色で合わせる

ワインと料理の組み合わせ方で最も簡単なのが、同系色で合わせる方法。赤ワインであれば濃い色味の肉系、白ワインなら色素の薄い魚介類と合わせるのが王道だ。

**赤ワイン**

【 牛肉 】
（ヒレ、ロース、カルビ）

【 豚肉 】
（バラ）

【 鴨肉 】
（胸肉、モモ肉）

【 羊肉 】
（ラム、マトン）

【 内臓系 】

【 赤身魚 】
（カツオ、マグロ）

赤ワインは牛肉や鴨肉などの赤身肉とはもちろん、色の濃い内臓系とも相性が良い。肉だけでなく、うま味がしっかりした赤い色味のマグロやカツオといった赤身魚ともよく合う。また、食材の色だけでなく、ソースなど料理全体の色を見て、濃い色味のものと合わせるとベター。

- 牛肉のステーキ、赤ワインソース煮
- 豚の角煮
- 鴨のロースト（バルサミコソース添え）
- ホルモン焼き（タレ）、味噌煮込み
- カツオのたたき／マグロの刺身

## ロゼワインはピンク色の食材を合わせて

ロゼワインの場合も、同系色の食材と合わせることで互いの魅力が際立つようになる。肉系であればハムやソーセージ、パテ、魚系であればサーモンやエビなど、ピンクの色味の食材と合わせてみよう。また、イチゴやラズベリーといったベリー系のフルーツとも相性抜群。スイーツと合わせて楽しむのもおすすめだ。

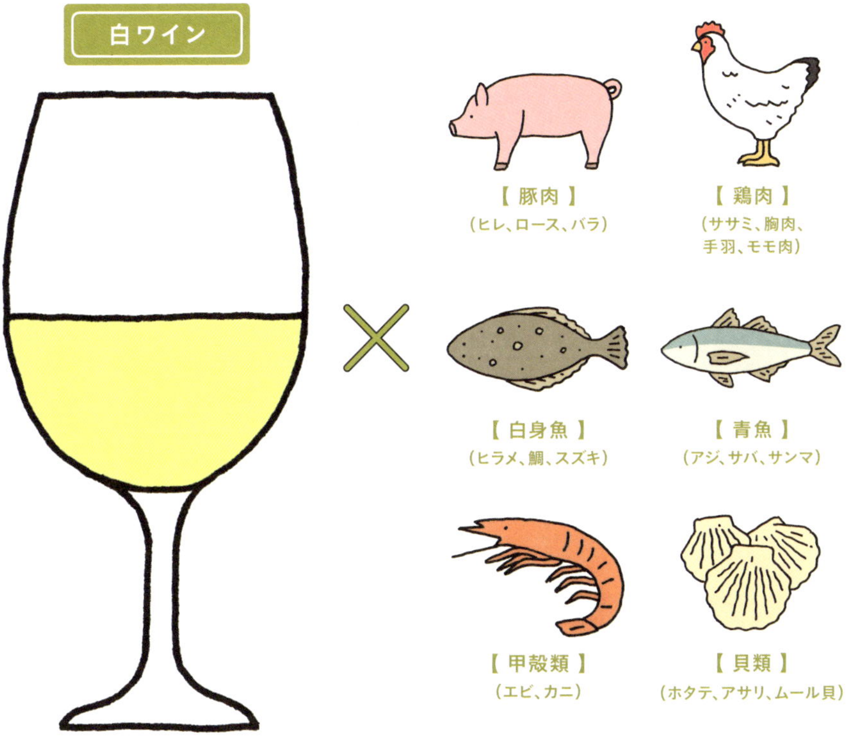

## 白ワイン

**【豚肉】**
（ヒレ、ロース、バラ）

**【鶏肉】**
（ササミ、胸肉、手羽、モモ肉）

×

**【白身魚】**
（ヒラメ、鯛、スズキ）

**【青魚】**
（アジ、サバ、サンマ）

**【甲殻類】**
（エビ、カニ）

**【貝類】**
（ホタテ、アサリ、ムール貝）

白ワインには色の薄い料理を合わせると外れが少ない。特に魚介との相性が良く、白身魚をはじめ、青魚や貝、エビやカニなどの甲殻類と組み合わせると、繊細なうま味を引き立たせてくれる。また、肉の中でも白い部分が多い鶏のササミや豚のロースもさっぱりと味わえるので最適。

- 豚の塩ダレ炒め
- 白身魚のカルパッチョ、刺身、塩焼き
- サバの味噌煮／サンマの塩焼き
- 貝のムニエル、バター焼き、酒蒸し
- エビフライ（レモン、タルタルソース）

# 香りで合わせる

同じ色味でも、香りに合わせて料理を選ぶと味わいがよりパワーアップする。スパイシーな香りや重厚感のある熟成香など、ワインの香りを感じながら組み合わせてみよう。

**スパイシーな香りの赤ワイン**

×

【 スパイス 】
（クローブ、ナツメグ）

【 牛肉 】

【 鶏肉 】

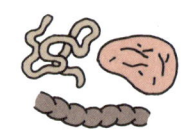
【 内臓系 】

オーストラリアのシラーズなど、スパイシーな香りの赤ワインなら、コショウでたっぷり味付けしたステーキ料理と相性抜群。また赤ワインの中には、樽熟成させることでクローブやナツメグなどの香辛料の香りが現れるものもあり、カレーやスパイシーチキンなどと合わせると絶妙だ。

- カレー
- ステーキ
- スパイシーチキン
- ホルモン焼き

【 ジビエ 】

【 加工肉 】
（ハム、ソーセージ）

【 チーズ 】
（ウォッシュタイプ）

【 キノコ類 】

×

**動物系の熟成香がある赤ワイン**

クセの強いジビエ料理には、南フランスの赤ワインやイタリアのバローロなど、動物的な香りの赤ワインが合う。上品ななめし皮の香りが感じられるボルドーやブルゴーニュのワインなら、チーズなどの発酵食品やスモーキーな香りのソーセージに合わせると優しく調和する。

- 鹿肉のロースト（バルサミコソース）
- 生ハムのクリームチーズ巻き
- エポワス
- ハンバーグのキノコソース

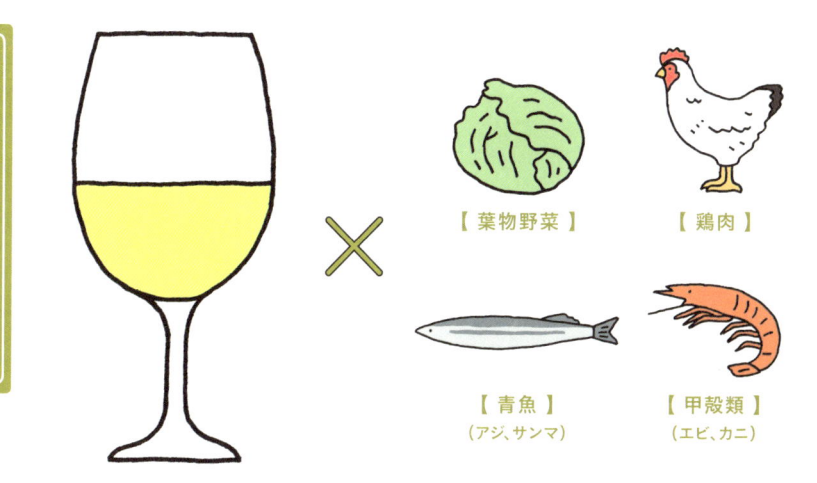

【 葉物野菜 】　【 鶏肉 】

【 青魚 】
（アジ、サンマ）

【 甲殻類 】
（エビ、カニ）

かんきつ系の香りの白ワイン

レモンやライムのようなフルーティーな香りの白ワインには、レモンをたっぷりかけた鶏の唐揚げがぴったり。生野菜やサラダとも相性が良く、爽やかなハーモニーを楽しめる。魚介であれば塩焼きや天ぷらにして、シンプルな塩であっさりと楽しむのがおすすめ。

● グリーンサラダ
● 鶏の唐揚げ
● サンマの塩焼き
● エビの天ぷら（塩）

【 ハーブ 】
（バジル、ローズマリー）

【 鶏肉 】

【 白身魚 】
（ヒラメ、鯛、スズキ）

【 ジャガイモ 】

ハーブの香りの白ワイン

グリーンの香りが強い白ワインなら、バジルやローズマリーなどのハーブを使った料理と合わせるとフレッシュ感が増す。また、鶏肉や白身魚、ジャガイモなどのクセの少ない食材を選び、ハーブで味付けすれば、ワインの個性的な香りが打ち消されずに絶妙なマリアージュを楽しめる。

● ハーブサラダ
● ハーブチキン
● 白身魚のハーブ焼き
● ジャガイモのハーブソテー

143

食材だけでなく、調理方法や味付けによっても、ワインとの最適な組み合わせは変わってくる。ワインと料理双方の魅力をグレードアップするなら、味わいが似たもの同士を選べば間違いないだろう。

**まろやかな味わいの赤ワイン**

× 

【 ウナギ 】

【 牛肉 】

【 チーズ 】
（白カビタイプ）

【 クリームソース 】

まったりとした柔らかい味わいが特徴のメルロや、丸みのあるカベルネ・フラン、ジューシーな味わいのサンジョヴェーゼなどは、こってりとした料理に合う。意外かもしれないが、ウナギの蒲焼やタレで味付けした焼き鳥、濃厚なソースをかけたお好み焼きにもマッチする。

- ● ウナギの蒲焼き
- ● ハッシュドビーフ
- ● カマンベール
- ● お好み焼き（ソース）

【 トマト 】

【 魚介 】
（ブリ、メカジキ）

【 豚肉 】

【 鴨肉 】

ライトボディなら、酸味のあるトマトソースと合わせると爽やかな味わいが互いに引き立つ。また、照り焼きや生姜焼きなど、しょうゆやみりんを使ったやや濃厚な味付けの料理ともバランス良く調和する。シンプルな肉のローストとも合い、爽やかな酸味のあるソースをかければ絶品。

- トマトソースのパスタ
- ブリの照り焼き
- 豚の生姜焼き
- 鴨のロースト（オレンジソース）

【 牛肉 】
（ホホ肉）

【 豚肉 】

【 チーズ 】
（青カビタイプ）

【 フォアグラ 】

タンニンが強くパワフルな味わいの赤ワインには、それに負けない濃厚な味わいの料理を合わせること。コクのある煮込み料理やチーズ、脂がのったフォアグラは最高の組み合わせだ。カベルネ・ソーヴィニヨンやシラーなどの赤ワインであれば、脂っぽさを和らげ、味を引き締めてくれる。

- 牛ホホ肉の赤ワイン煮込み
- ロックフォール／ゴルゴンゾーラ
- 豚のスペアリブ
- フォアグラのソテー

## 味が似ているものと合わせる（白ワイン編）

酸味と甘みのバランスによって幅広い味わいを楽しめる白ワイン。食欲を増進してくれることもあれば、デザートワインとして官能的な余韻を残してくれることも。繊細な日本料理にも合わせられるので要チェック。

**すっきりと爽やかな白ワイン**

×

【 鶏肉 】

【 白身魚 】
（鯛、ヒラメ）

【 つぶ貝 】

【 ハーブ 】

酸味が強いタイプの白ワインは魚介と相性抜群。特に、酸味を効かせたカルパッチョやアクアパッツァがおすすめだ。また、塩で味付けされた焼き鳥と合わせれば、爽やかなアクセントに。アヒージョのようなオイリーな料理のお供なら、口の中の脂分をさっぱりと洗い流してくれる。

- 鯛のカルパッチョ
- 白身魚のアクアパッツァ
- 焼き鳥（塩）
- つぶ貝のアヒージョ

【豚肉】　【生魚】

【チーズ】（青カビタイプ）　【スパイス】（クローブ、ナツメグ）

甘口の白ワイン

食後のデザートワインとしてはもちろん、クセのあるチーズや生ハムともよく合うのが甘口ワイン。実は寿司との相性も良く、シャリの甘酸っぱさと白ワインの甘さが見事に同調するのでおすすめだ。また、パンチの効いた料理とも調和しやすく、スパイシーな料理と合わせるのも面白い。

- ロックフォール、ゴルゴンゾーラ
- 寿司
- カレー
- 生ハム

【エビ】　【カニ】

【ポルチーニ茸】　【クリームソース】

コクのあるまろやかな白ワイン

樽熟成させたものなど、ふくよかでコクのある白ワインには、クリームソースを使った料理が最適。まろやかな口当たりと濃厚な味わいが絶妙に合わさり、ぜいたく感たっぷりのテイストに。高級食材を使った料理に合わせても味が負けないので、重厚感のあるマリアージュを堪能できる。

- ポルチーニ茸のクリームパスタ
- クリームシチュー
- エビドリア
- 焼きガニ

**ITALY**

**AMERICA**

**JAPAN**

イタリアワイン

アメリカワイン

日本ワイン

【 パスタ、ピザ 】

ピザやパスタには、白ワインやミディアムボディ～ライトボディの赤ワインがおすすめ。チーズたっぷりの濃厚な味わいなら、コクのある白ワインやスパークリングワインも合う。

【 BBQ 】

ガツンとインパクトのあるアメリカワインは、同じく大胆な味わいの BBQ 料理と相性抜群。スパイシーな肉と果実味たっぷりの赤ワインを合わせれば、気分も一気に盛り上がるはず。

【 和食 】

ワインを合わせにくいイメージのある和食だが、繊細な味わいの日本ワインと合わせることで絶妙なマリアージュが生まれる。日本ならではの優しい味わいにほっと癒やされてみては。

## NGな
組み合わせ

食材の中には、ワインと相性が悪く、風味を殺してしまうものもあるので注意。ただ、辛口のスパークリングワインであれば比較的合わせやすいので、ワイン選びに困ったときは試してみて。

### 【 数の子 】

最悪の組み合わせとして有名なのが数の子と赤ワイン。数の子の持ち味である磯の香りが、赤ワインの芳醇な味わいを台無しにする。

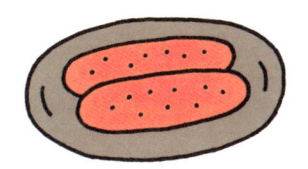

### 【 明太子 】

ワイン特有の酸味によって、魚の臭みが強調されてしまう。特に白ワインと合わせると、苦味のある後味もプラスされて悶絶必至。

### 【 イクラ 】

数の子と同様、魚卵のイクラはワインと合わせた瞬間に口いっぱいに生臭さが広がり、金属のような異質な味わいを覚える。

### 【 塩辛 】

ワインに含まれる鉄分と魚介の脂がミスマッチを起こし、むわっとした臭みとめまいのするような不快感が口に広がる。

### 【 納豆 】

納豆特有の臭いがワインの香りを見事に打ち消す。ねっとりとした食感も相まって、ワインと合わせるといびつなハーモニーに。

### 【 生ガキ 】

貝ならば白ワインが合うと思われがちだが、生ガキの場合は守備範囲が非常に狭く、臭みを強調してしまうこともあるので要注意。

# ワインのマナー

知らないうちにうっかりマナーを破って
恥ずかしい思いをしないように、
基本的なワインのルールを押さえておこう。

## Q1. ワインを注いでもらうときのマナーは どちらが正しいでしょうか?

**A** 注ぎやすいように
グラスを持ち上げる

**B** グラスを
置いたまま待つ

答えは... **B** > ワインを注いでもらうときは
テーブルに置いたままでOK!

ビールや日本酒は注いでもらうときにグラスを持ち上げるのが一般的だが、ワインの場合はボトルと接触して破損する可能性があるためご法度。グラスは持たず、テーブルの上に置いた状態でソムリエやお店のスタッフに注いでもらおう。また、カジュアルなお店などで自分たちでワインを注ぐときには、基本的に男性が注ぐのがマナーとされている。

# Q2. グラスの持ち方は どちらが適切でしょうか?

**A** グラスの 脚の部分を持つ

**B** グラスの ボウルの部分を持つ

答えは... **A** ワインを少しでも長く、最適な温度に キープしたいならワインの脚を持つべし

ボウル部分を直接持ってしまうと、ワインの温度が上がって風味が損なわれてしまうことがある。そのため、ワインを適温で長く楽しみたいときは、手の温度がワインに伝わらないようにグラスの脚を持つと良いだろう。ただし、海外ではボウル部分を持って飲むことも多いので、あまり固執せずに場面によって臨機応変に変えてみて。

---

**M E M O**

### "ワイングラスで飲まない"楽しみ方も広がっている

「ワインはワイングラスで飲まなければ」と思っている人も多いのでは? しかし近年では、ワイングラスの脚をなくしたカジュアルなワインタンブラーが人気を集めているほか、日本食と合わせるなら陶器、タイ料理と合わせるならタイ製のアルミカップなど、料理とのペアリングから酒器を変える楽しみ方も広がっている。

**A**

盛大に音を立てて
グラスを当てる

**B**

目の高さに
グラスを上げて
目を合わせる

答えは… **B**

「乾杯！」でグラスを割らないように！
グラスは当てずに上げるだけ

ワイングラスの縁はガラスが薄く割れやすいため、乾杯の衝撃で割れてしまう可能性も。グラス同士を激しくぶつけるのは避けよう。乾杯時は、目の高さにグラスを上げて、そっと見つめ合うとスマートだ。ただ、乾杯の美しい音色を聴くのもワインの楽しみの一つ。グラスを当てたいときは、厚みのあるボウル部分を軽く当てるように意識してみて。

## Q4. グラスの底に澱<sup>おり</sup>がたまっていたら どうしたら良いでしょう？

**A**

無害なので
避けて飲むようにする

**B**

飲んだら危ないので
店員を呼ぶ

答えは... **A**

### 澱は無害なので、慌てなくてOK！ グラスをゆっくり傾けて飲んでみて

長期熟成の上質な赤ワインなどによく見られる澱<sup>おり</sup>。瓶内熟成によって生まれる自然な沈殿物で、グラスに注いだときに一緒に入ってしまうことがある。口にしても害はないが、そのまま飲むと口の中がざらついてしまうため、グラスを静かに傾けて澱が混ざらないように口にすると良い。澱の量が多い場合は、デキャンタージュをお願いしてみよう。

**A**

もったいないので
全部飲み干す

**B**

店員に伝えて
持って帰る

答えは… **B**

### 無理して飲んでは余計にもったいない！
### ボトルは持って帰れば家でも楽しめる

ボトルで注文したのはいいものの、「飲みきれずに残ってしまった」という経験がある人も多いはず。そんなときは、無理に飲み干さなくて大丈夫。お願いすれば、ボトルに栓をして持ち帰らせてくれるお店もあるので、スタッフに確認してみよう。家で持ち帰ったワインを再び開けて、楽しいひとときの続きを過ごすのも一興だ。

## Q6. ワイングラスに付いた 口紅をスマートに落とす方法は？

**A**

指で拭ってから
ナプキンで
汚れを取る

**B**

ナプキンで
直接グラスを拭く

答えは... **A** | **口紅汚れはさりげなく指で拭ってから
ナプキンで指の汚れを取ること**

ワインを飲んだあと、グラスに口紅がべったり付いてしまうことがある。目立って気になるような場合は拭き取りたいところだが、ナプキンで直接拭うのはマナー違反。グラスの破損を招く恐れもあるので避けよう。グラスの汚れを取るときは、まずはサッと指で拭い、指についた汚れをナプキンで拭くのがベター。大人のたしなみとして覚えておきたい。

**A** 時計回り

**B** 反時計回り

答えは... **B** 間違ってワインが人にかからないように回す方向は自分の方へ

テイスティングやワインの香りを広げたいときにグラスを回すことがある。このとき、遠心力でワインが誤ってこぼれてしまう可能性があるので、同席している人にかからないように、自分の方へ向けて回すと良い。右利きの人は反時計回り、左利きの人なら時計回りに。回す方向に気を付けるだけで、ワイン通っぽくなるのでぜひ実践してみて。

# 信頼できるソムリエを探す

ワインのエキスパートであるソムリエを味方に付ければ、
ワインも料理もその場の雰囲気もグッと魅力的なものに変わる。
積極的に話し掛けて、信頼できるソムリエを見つけよう。

## ソムリエの仕事

ソムリエの仕事は、ワインの入荷から品質管理、相手
や状況に合わせたワインの選定、グラスの管理に至る
まで、ワインをゲストに提供する一連の作業全てと言
える。さらに、ワインの専門知識だけでなく、食事の
合わせ方の提案やTPOに即した食事シーンの演出な
ど、料理全般の知識や接客技術に関してもプロフェッ
ショナルであることが求められる。

## 信頼できるソムリエとは

ゲストにむやみに自分の知識を披露したり、普段聞き
慣れないワイン用語を連発したりするようでは良いソ
ムリエとは言えないだろう。信頼できるソムリエとは、
あくまでゲストをワイン選びの主役に立てながら、良
きアドバイザーとなって最良のワインに導いてくれる
人のこと。恥ずかしがらず話し掛けてみれば、必ずや
信頼できるソムリエに出会えるはずだ。

## ソムリエになる方法

日本のソムリエは、民間団体の「日本ソムリエ協会（JSA）」
または「全日本ソムリエ連盟（ANSA）」が認可する資格。前
者は世界機構の「国際ソムリエ協会（ASI）」に加盟しており、
主に飲食店などワインを扱う職業人に向けたもので実務経験が
必要だ。一方、後者は一般向けで講習をしっかり受けてから受
験できるのが特徴。ワイン好きが高じて受験する人も多い。

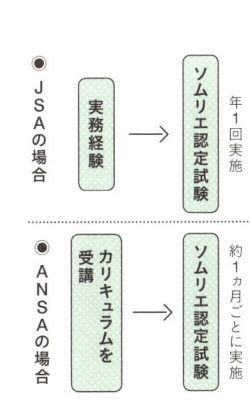

JSAの場合　実務経験　→　ソムリエ認定試験　年1回実施

ANSAの場合　カリキュラムを受講　→　ソムリエ認定試験　約1ヵ月ごとに実施

# ワインは熟成させるとおいしくなるの?

全てのワインが熟成しておいしくなるわけではない。
ワインそれぞれの「飲み頃」を見極めておいしく楽しもう!

## 飲み頃の見分け方

**熟成タイプ**

一般的に、熟成タイプはタンニンの強い赤ワインに多く見られる。ボルドーワインは長期熟成に耐えられるタイプが多いほか、高価格帯のワインは飲み頃を迎えるまでに時間がかかると言われている。

**早飲みタイプ**

フレッシュな味わいが特徴の早飲みタイプは、リーズナブルなワインによく見られる。特にデイリーワインに多い傾向があり、劣化のスピードが早いので短期間で飲み切るのがおすすめだ。

## 熟成で起こる変化

**色**

赤ワインの場合、オレンジの色味が加わり、赤みが増していく。白ワインなら、徐々にオレンジや褐色へと変化し、こはく色に近い色味に変化していく。

**香り**

赤ワインの場合、シナモンやスミレ、トリュフ、なめし革などの独特な香りが現れる。一方白ワインの場合は、あんずやナッツなどの香りが生まれることも。

**味**

タンニンの角が取れ、酸味やエグ味も落ち着いて、まろやかな味わいになる。赤ワインならより複雑な味わいに、白ワインならふくよかな味わいになる。

## 熟成タイプのおすすめワイン

### シャトー・ラトゥール

完璧なまでの品質主義から生み出される、タンニンが豊かで荘厳なスタイルの赤ワイン。クルミやなめし革のような上品な香りを放つ。

 → P194

### シャトー・ヴァランドロー

新樽のみで18ヵ月間にわたり樽熟成を行っている。滑らかな舌触りとメルロ特有の甘みは、購入後もじっくりと寝かせることで一層深まり、濃厚な味わいに。

→ P207

ワインを極める

習うより慣れろ！

# 家でワインを
# 楽しもう

シーンに合わせてワインを選び、
とっておきのグラスに注ぐ。
ワインが残ったら料理にアレンジして、
気付けばもう一本ワインを開けている……。
そんな、家だからこそ楽しめる
最高のワイン時間を満喫しよう！

# シーン別ワインの選び方

ワインを産地や銘柄で選ぶのも良いけれど、
一緒に楽しむ人やシーンに合わせて選べば
ワインの魅力はもっと深まる！

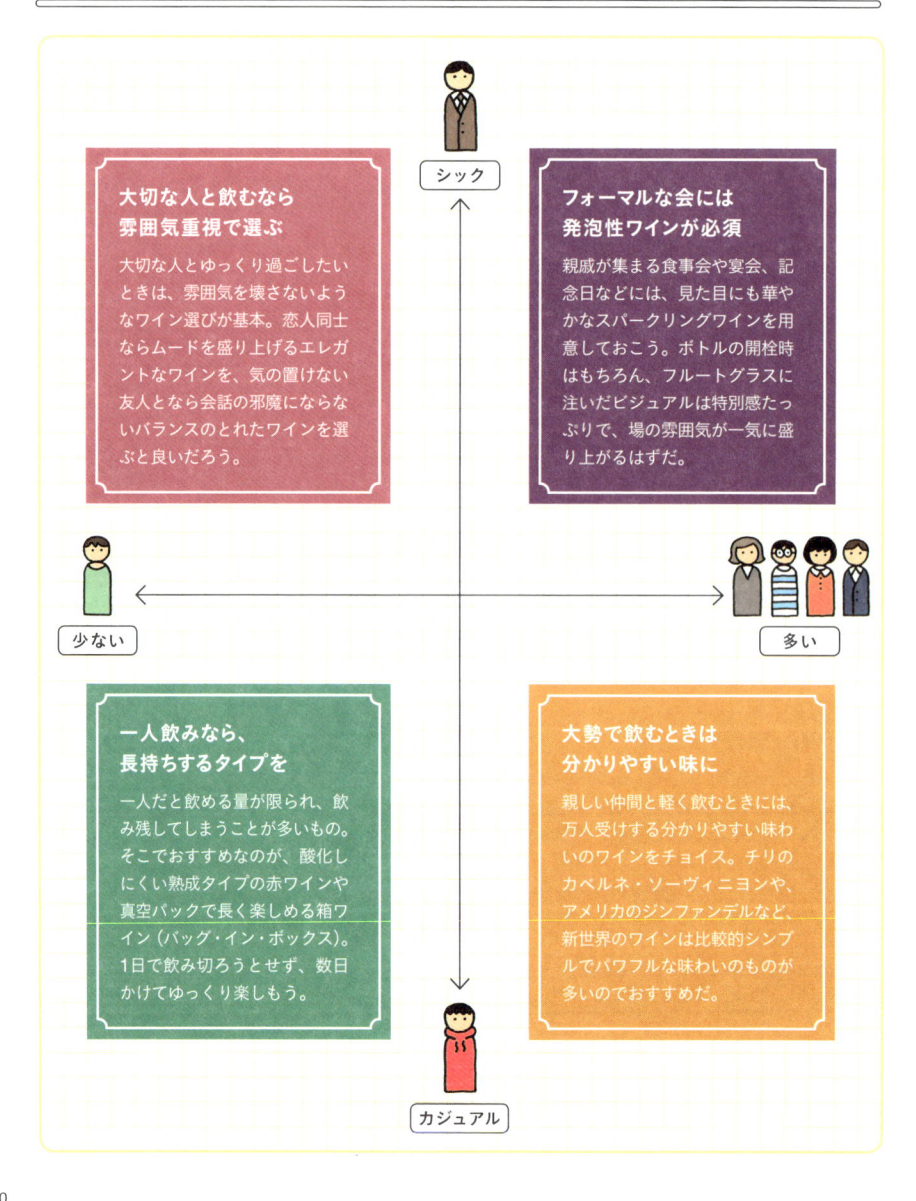

シック

**大切な人と飲むなら
雰囲気重視で選ぶ**

大切な人とゆっくり過ごしたいときは、雰囲気を壊さないようなワイン選びが基本。恋人同士ならムードを盛り上げるエレガントなワインを、気の置けない友人となら会話の邪魔にならないバランスのとれたワインを選ぶと良いだろう。

**フォーマルな会には
発泡性ワインが必須**

親戚が集まる食事会や宴会、記念日などには、見た目にも華やかなスパークリングワインを用意しておこう。ボトルの開栓時はもちろん、フルートグラスに注いだビジュアルは特別感たっぷりで、場の雰囲気が一気に盛り上がるはずだ。

少ない　　　　　　　　　　　多い

**一人飲みなら、
長持ちするタイプを**

一人だと飲める量が限られ、飲み残してしまうことが多いもの。そこでおすすめなのが、酸化しにくい熟成タイプの赤ワインや真空パックで長く楽しめる箱ワイン（バッグ・イン・ボックス）。1日で飲み切ろうとせず、数日かけてゆっくり楽しもう。

**大勢で飲むときは
分かりやすい味に**

親しい仲間と軽く飲むときには、万人受けする分かりやすい味わいのワインをチョイス。チリのカベルネ・ソーヴィニヨンや、アメリカのジンファンデルなど、新世界のワインは比較的シンプルでパワフルな味わいのものが多いのでおすすめだ。

カジュアル

## SCENE 1
# お一人様

### 晩酌でしっぽり飲みたいとき

晩酌にはフルボディの赤ワインに。特に樽熟成した濃い味わいのものであれば、飲み残しても酸化が遅いので翌日以降も楽しめる。また、真空の内袋を内蔵した箱ワインなら、1ヵ月ほど風味が持続するのでゆっくり飲めておすすめ。

**● 箱ワイン**
保存性が高く、比較的長い期間ワインを楽しめる。パッケージも個性的なので、ホームパーティーやイベント時にも注目されること間違いなし。
**● スペインの赤ワイン**
スペインは気候が温暖で安定しているため、良質な赤ワインを比較的低価格で入手できる。
**● チリやオーストラリアのワイン**
パワフルでしっかりした味わいのものが多い。関税が低いので、低価格でも高品質なワインが手に入る。

 **おすすめワイン**

### Lunaria Pinot Grigio
**ルナーリア・ピノグリージョ**

イタリアの箱ワイン。ビオディナミ農法で栽培したブドウを使った自然派ワインで、辛口ながら飲みやすい。

**→ P209**

## SCENE 2
# 恋人との食事

### ムードを盛り上げたいとき

お昼に軽く飲むなら、赤ワインは重いのでスパークリングワインや白ワインを選ぼう。また、夜のディナーなら、美しいピンク色のスパークリングワインに。フルートグラスで乾杯すれば、見た目だけでもグッと盛り上がる。

**● アルゼンチンの白ワイン（トロンテス種）**
トロンテスはアルゼンチンの主要品種。マスカットに似たフルーティーで軽快な味わいは、恋人とのひとときにぴったり。
**● スペインのロゼスパークリング**
フランスのロゼシャンパーニュは高価で手が出しにくいが、スペインのカヴァならリーズナブルで気軽に楽しめる。
**● イタリアの赤スパークリング**
イタリアには「ランブルスコ」と呼ばれる微発泡の赤ワインがある。美しい色味でデートに最適。

### BESOS DE CATA TORRONTÉS
**ベソ・デ・カタ トロンテス**

アルゼンチンの辛口白ワイン。ブドウはトロンテスを使っており、フルーティーな酸味と上品な甘さが絶妙。

**→ P218**

# SCENE 3

## 友人との飲み会

### カジュアルにわいわい飲みたいとき

気の合う仲間で集まって飲むなら、クセが少なくて分かりやすい味わいのワインがベター。新世界のワインを選べば外すことは少ないだろう。また、リーズナブルな価格帯のものを選ぶことも気兼ねなく飲む上で欠かせないポイントだ。

⦿ **チリのカベルネ・ソーヴィニヨン**
温暖でワイン造りに適したチリ。特にカベルネ・ソーヴィニヨンの赤ワインは、「チリカベ」と親しまれるほど力強い味わいで人気が高い。

⦿ **オーストラリアのシラーズ**
オーストラリアのシラーズはスパイシーでほど良く濃厚。値段が手頃な上に肉料理によく合う。

⦿ **ニュージーランドのソーヴィニヨン・ブラン**
ニュージーランドのソーヴィニヨン・ブランは、今や世界標準の品質と言われるほど高品質。エッジの効いた鮮烈な味わいは受け入れられやすい。

### じっくり話をしながら飲みたいとき

友人とじっくり語りたいときは、個性が主張しすぎないバランスの良い味わいのワインを選ぼう。話の邪魔をせず、場の雰囲気にしっとりとなじむはず。気の置けない仲間となら、環境のことを考えたオーガニックワインも良いだろう。

⦿ **ミディアムボディの赤ワイン**
赤ワインのミディアムボディなら、味が濃すぎず薄すぎず、会話の邪魔をしない。

⦿ **オーガニックワイン**
自然環境に配慮した栽培方法や醸造方法で造られたワインは、大切な友人とのひとときにそっと寄り添ってくれるはず。

⦿ **辛口のロゼワイン**
赤ワインほど濃厚すぎず、白ワインよりもコクがあるロゼワイン。おしゃれな色合いで、会話をしながらカジュアルに飲めるのが魅力だ。

### おすすめワイン

## AROMO CABERNET SAUVIGNON
**アロモ カベルネソーヴィニヨン**

チリの老舗ワイナリーが生んだエレガントな味わいの赤ワイン。渋味と酸味のバランスがちょうど良く、飲みごたえがある。

→ **P190**

## Vernissage Rose
**ヴェルニサージュ ロゼ**

クリーミーな口当たりが特徴の辛口のロゼワイン。ハンドバッグ型のおしゃれなパッケージも魅力。

→ **P219**

## 記念日やイベント時に飲むとき

記念日を祝うときは、縁起の良い言葉が入った
ワインを贈ると感謝やお祝いの気持ちをストレ
ートに伝えられる。また、結婚記念日につがい
の鳥やハートをモチーフにしたラベルのワイン
を贈るなど、ビジュアルで選ぶのも◎。

**◉ ラベルに縁起の良い文字が入っている**
ワインの名前に「祝」や「Gloria（栄光）」な
ど縁起の良い文字が入っていると、テーブルに
置くだけで場を華やかなムードに演出できる。
**◉ 記念日を象徴するイラストが入ったラベル**
つがいの鳥やハートなど、縁起の良いモチーフ
を取り入れたラベルを選べば、インパクト抜群だ。
**◉ 贈る相手が思い入れのある場所が産地**
大切な人の出身地や旅行で訪れた国など、思い
出に残っている場所が産地のワインを選べば、
会話のネタにもつながるだろう。

## フォーマルな宴会で飲むとき

宴会で盛り上がりたいときは、スパークリング
ワインが鉄板。大勢でパーッと飲むなら、高価
なシャンパーニュよりも、イタリアやスペイン
などの比較的リーズナブルなものに。せっかく
ならラベルもおしゃれなものをセレクトしよう。

**◉ イタリアのスパークリングワイン**
イタリアのスパークリングワインは飲みやすくて、
万人受けしやすい。ラベルもおしゃれなものが多
く、場の雰囲気をグッと盛り上げてくれる。
**◉ スペインのカヴァ**
伝統的なシャンパーニュ製法で造られるスペイン
のカヴァは、品質が高く、世界のスパークリ
ングワインの中でもコスパが抜群に優れている。
**◉ フランスのシャンパーニュ**
少しお高いが、誰もが知っているフランスのシャ
ンパーニュを出せば間違いなく喜ばれるだろう。

### KOSHU TERROIR SELECTION IWAI
甲州 テロワール・セレクション 祝

山梨県の祝地区のブドウを使ったワイン。
ラベルに「祝」の漢字が入っていて縁起が
良く、晴れの舞台にぴったり合う。

 → P206

### Bio Bio Bubbles Extra Dry NV
ビオ・ビオ・バブルス エクストラドライ

イタリアのスプマンテ。かんきつ系のみず
みずしい果実味があり、口当たりは軽やか。
クリーミーな泡が口いっぱいに広がる。

 → P210

# ワイングラスを選ぶ

一見どれも同じように見えるワイングラスだが、
大きさや飲み口の広さ、カーブの形状など、タイプはさまざま。
ワイングラスの特徴と違いに焦点を当てる。

## ワイングラスが脚付きの理由

ワインの色や香り、味わいをゆっくり楽しめるように、と生まれたのがワイングラス。グラスを持つ手から体温が伝わり、ワインの温度が上がってしまうのを防ぐために、ワイングラスには脚（ステム）が付いている。そのため、ワイングラスを持つときはできるだけ脚の部分を持つようにしよう。また、ボウル部分の大きさや膨らみによって、温度の上がりやすさや香りの広がり方が変わるのも特徴だ。

【 香り 】

飲み口の部分を「リム」といい、この直径がボウル部分より小さいほど香りを長くとどめておける。また、ボウル部分のカーブの角度によって香りの広がり方が変わる。

【 温度 】

脚があることで、ボウル部分に直接手の熱が伝わらなくなり、ワインを最適な温度で長く楽しむことができる。

### 普通のグラスだと…

飲み口が広い普通のグラスを使うと、香りがあっという間に消えてしまう。また、手の温度や空気による影響を受けやすく、ワインの温度が上がって、味が急激に変わってしまうことも。

### 普通のガラスとクリスタルガラスの違い

クリスタルガラスとは、主に酸化鉛を含むガラスのこと。ガラス表面にあるミクロの凹凸にワインが長くとどまって香りを際立たせるほか、味をまろやかにする効果もあると言われている。また、透明度と屈折率にも優れ、ワインの色を美しく見せる。

# グラスによる味わいの違い

## 香りの広がり

ボウル部分の膨らみ具合、カーブの形、飲み口の広さによって、香りが外へ広がるか、内側にたまりやすくなるかに違いが現れる。

**飲み口が広い**

空気に触れる面積が大きいほど、外に香りが広がりやすくなる。

**飲み口が狭い**

飲み口がすぼまっているほど、グラスの内側に香りがたまる。

| 広がる | 香り | たまる |
|---|---|---|

## 空気との触れやすさ

飲み口の大きさによって、ワインが空気に触れる表面積も決まる。香りや味の感じ方に変化が出るほか、発泡の持続性も変わる。

**表面積が大きい**

空気に触れる面積が大きくなると、渋味が和らぎ、香りが際立つ。

**表面積が小さい**

空気に触れにくく酸化が遅くなるので、味わいや発泡が長持ちする。

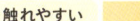

| 触れやすい | 空 気 | 触れにくい |
|---|---|---|

## 温度の上がりやすさ

ボウル部分の大きさによって、温度変化のスピードに違いが出る。白ワインは小さめ、赤ワインは大きめのグラスを使うことが多い。

**グラスが小さい**

温度が上がりにくいため、冷えているうちに飲みきれる。

**グラスが大きい**

温度が上がりやすいので、常温で飲むタイプのワインにおすすめ。

| 上がりにくい | 温 度 | 上がりやすい |
|---|---|---|

## 口への流れ込み方

飲み口の広さや角度によって、ワインが口の中へ流れ込んできたときの味わいの広がり方が変わり、甘みや渋味の感じ方も変化する。

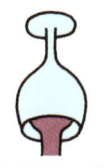

**飲み口が広い、直線的**

広い幅で口に流れ込むため、舌全体に甘みがゆったり広がる。

**飲み口が狭い、すぼまっている**

ワインが細く素早く流れ込むため、酸味を強く感じやすくなる。

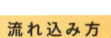

| ゆっくり | 流れ込み方 | 細く早い |
|---|---|---|

# 覚えておきたいグラス5種

大きさや形状が違うだけで、
ワインの香りや味を大きく変えてしまうグラス。
基本の5種を押さえてベストなワインと組み合わせてみよう。

### ← ボルドーグラス

チューリップ型で大きめのグラス。その名の通り、ボルドーの赤ワインのようなタンニンが強めのパワフルなワインに使われることが多い。飲み口が広めで空気に触れやすく、果実味や甘みを強調させて渋味を柔らかくしたいときにおすすめ。

**こんなワインに合う**

- カベルネ・ソーヴィニヨン
- メルロ
- シラー（シラーズ）
- ジンファンデル
- テンプラニーリョ
- ソーヴィニヨン・ブラン

**こんなワインに合う**

- ピノ・ノワール
- ネッビオーロ
- ガメイ
- カベルネ・フラン
- ブルゴーニュのシャルドネ

### ブルゴーニュグラス →

キュッ！

飲み口がキュッとすぼまったバルーン型のグラス。大きく丸みのあるボウル部分に香りが開いてとどまりやすく、飲み口からは細く素早くワインが流れるため爽やかな酸味を感じられる。酸味が強いタイプや複雑な香りを持つワインに向いている。

## 万能型グラス

ボウルの膨らみが大きめで飲み口の部分がすぼまった形状のグラス。やや直線的でワインが空気に触れやすく、渋味と酸味がほど良いバランスのミディアムボディの赤ワインに向いている。適度なサイズ感で温度が上がりにくいので、白ワインにも。

**こんなワインに合う**

- ピノ・ノワール
- マスカット・ベーリーA
- シャルドネ
- リースリング
- ボージョレ・ヌーヴォーなどの若いワイン

シャープ

##  フルートグラス

背が高く細長いフォルムで、縦に長く連なる美しい泡を観賞できることから、シャンパーニュやスパークリングワインに使われることが多いグラスだ。飲み口が小さめで空気に触れる面積が小さいため、泡が抜けにくく香りも長持ちする。

**こんなワインに合う**

- フランスのシャンパーニュ
- イタリアのスプマンテ
- スペインのカヴァ
- ドイツのゼクト

どっしり

## ワインタンブラー

カジュアルにワインを楽しみたいときに使えるワインタンブラー。グラスに脚がないため安定感があり、お手入れも簡単とあって人気を集めている。持ち運びも簡単なので、ピクニックやホームパーティーなどのイベントシーンでも活躍する。

**こんなワインに合う**

- カベルネ・ソーヴィニヨン
- ピノ・ノワール
- メルロ
- シラー（シラーズ）
- ジンファンデル
- シャルドネ
- リースリング

# ワイングラスの洗い方

洗浄中はグラスを最も割りやすいシーンと言われている。
しかし、ちょっとしたポイントを押さえるだけで、
グラスを安全かつきれいに洗うことができる。

## 汚れがひどくなければ
## お湯で流すだけでOK

ワイングラスはこすり洗いすると、キズや破損のリスクを高めてしまう。そのため、汚れがひどくない場合は、45度程度のお湯ですすぎ洗いするだけで済ませること。お湯の温度が高すぎるとグラスが膨張して割れてしまう可能性があるので、「ちょっと熱いかな」くらいの温度に。特にクリスタルガラスの場合は、キズが付きやすく衝撃に弱い性質を持っているため、食洗機にかけるのは極力避けよう。

## 油分が目立つときは
## 柔らかいスポンジで
## 優しく洗う

油分や口紅などの汚れが目立つ場合は、グラスのボウル下を包むように持ち、柔らかいスポンジで優しく洗おう。このとき、力を入れてボウル部分と台座をねじってしまうと折れる原因に。また、研磨剤入りのスポンジやクレンザーなどはキズの原因になるので、絶対に使用しないこと。グラスを絶対に割りたくないなら、飲んだその日は軽くすすいで中に水をためておき、翌朝頭がすっきりした状態で洗っても良いだろう。

# ワイングラスの保管方法

ワイングラスは洗った後の保管方法も大切。
ワインを次もおいしく味わえるように、
グラスを美しく清潔にキープできるコツを覚えておこう。

## 飲み口を上にして匂いの少ない場所に保管する

グラスの飲み口を下にして伏せた状態で保管すると、密閉されたボウル部分に匂いがこもるだけでなく、繊細な飲み口部分に負荷がかかって割れたり、転倒したりする恐れがある。保管する際は、台座を下にした状態で置き、食器棚など匂いが少ない場所に収納すること。ちなみに、購入時にグラスが入っていた箱やダンボール箱に入れてしまうと、匂いがこもってしまうことがあるため、あまりおすすめできない。

## グラスを磨くときは布巾を2枚使う

布巾はけば立たず吸水性の良いものを選び、グラスに直接触れないよう、右手用と左手用に2枚用意しておくと安心。最初は台座部分を布巾で包み込むようにして支え、グラスの脚と台座を拭く。次に、ボウル下を包み込むようにして支え、ボウルの外側をもう一方の手で拭き上げる。内側は布巾をグラスに軽く押し入れて優しく回して拭く。このとき台座を持ちながらボウルを拭くと、折れる原因になるので注意。

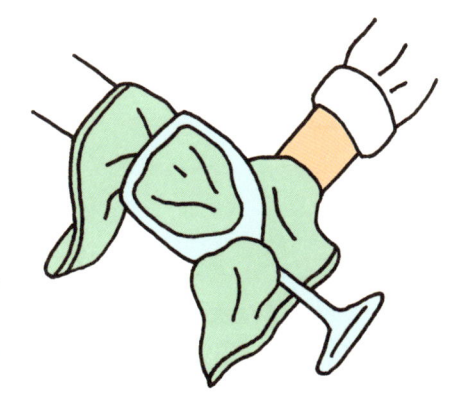

# ワインがおいしくなる温度

同じワインでも温度によって味のバランスをコントロールできる。
タイプごとの適切な温度を参考にして、
ワインの魅力を引き立てながら自分好みの味に調節してみよう。

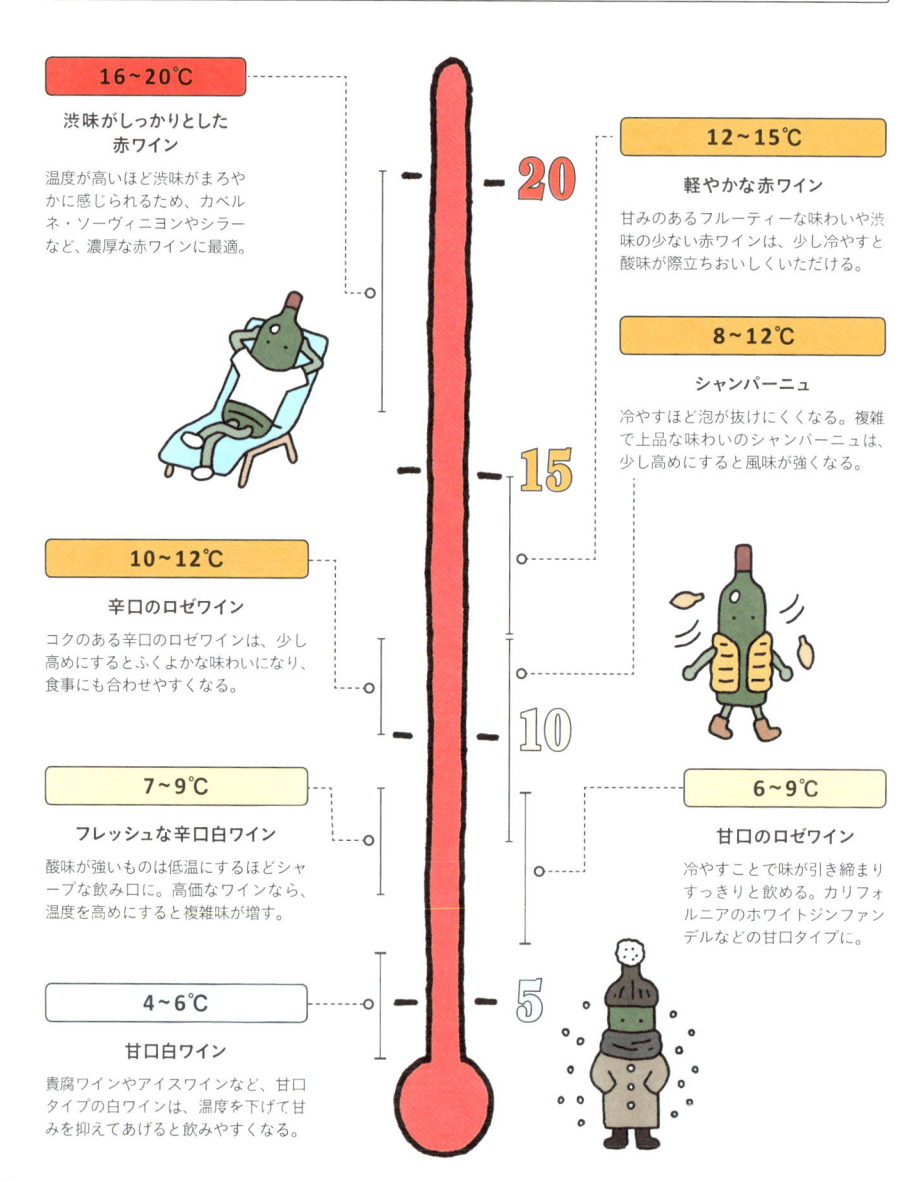

**16～20℃**

渋味がしっかりとした
赤ワイン

温度が高いほど渋味がまろやかに感じられるため、カベルネ・ソーヴィニヨンやシラーなど、濃厚な赤ワインに最適。

**10～12℃**

辛口のロゼワイン

コクのある辛口のロゼワインは、少し高めにするとふくよかな味わいになり、食事にも合わせやすくなる。

**7～9℃**

フレッシュな辛口白ワイン

酸味が強いものは低温にするほどシャープな飲み口に。高価なワインなら、温度を高めにすると複雑味が増す。

**4～6℃**

甘口白ワイン

貴腐ワインやアイスワインなど、甘口タイプの白ワインは、温度を下げて甘みを抑えてあげると飲みやすくなる。

**12～15℃**

軽やかな赤ワイン

甘みのあるフルーティーな味わいや渋味の少ない赤ワインは、少し冷やすと酸味が際立ちおいしくいただける。

**8～12℃**

シャンパーニュ

冷やすほど泡が抜けにくくなる。複雑で上品な味わいのシャンパーニュは、少し高めにすると風味が強くなる。

**6～9℃**

甘口のロゼワイン

冷やすことで味が引き締まりすっきりと飲める。カリフォルニアのホワイトジンファンデルなどの甘口タイプに。

## 温度による味わいの違い

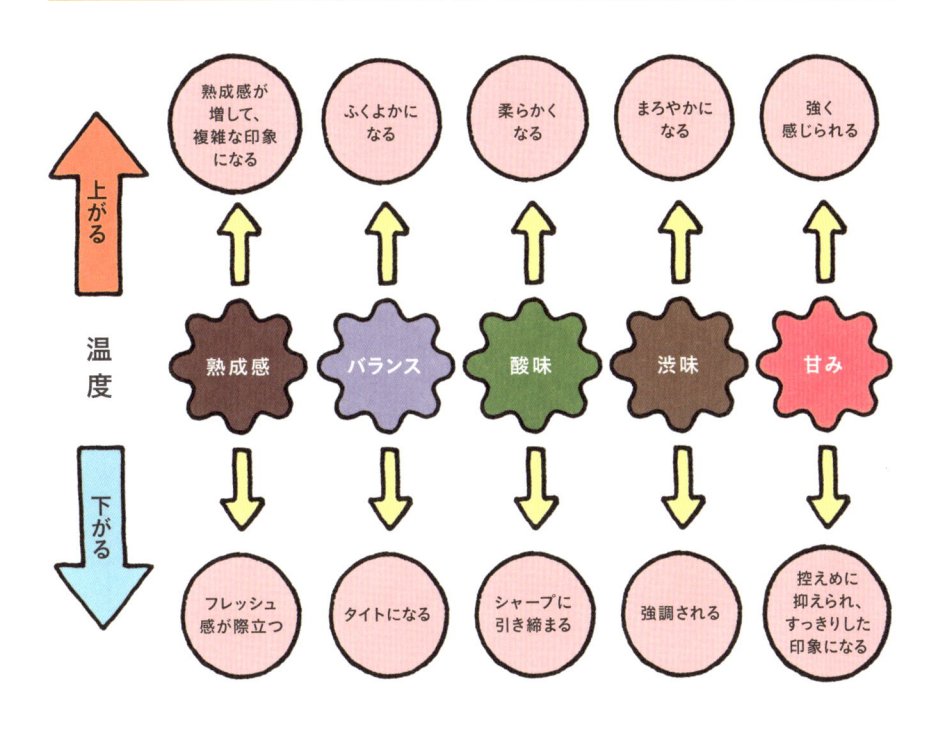

温度

上がる

| 熟成感 | バランス | 酸味 | 渋味 | 甘み |
|---|---|---|---|---|
| 熟成感が増して、複雑な印象になる | ふくよかになる | 柔らかくなる | まろやかになる | 強く感じられる |

下がる

| | | | | |
|---|---|---|---|---|
| フレッシュ感が際立つ | タイトになる | シャープに引き締まる | 強調される | 控えめに抑えられ、すっきりした印象になる |

## おいしい温度の早見表

### 【 温度低めがGood！なワイン 】

- 価格がリーズナブル
- 甘口
- 酸味が強め
- 若くてシンプルな味わい
- ライトボディ

例えば…

### KRESSMANN SAUTERNES HALF
**クレスマン ソーテルヌ ハーフ**

ボルドーの極甘口ワイン。ハチミツやドライフルーツのような凝縮された甘みを持つ。デザートワインとしても活躍する。

→ P207

### 【 温度高めがGood！なワイン 】

- 高価なワイン
- 渋味が強い
- しっかりしたコクがある
- 熟成した古酒
- フルボディ

例えば…

### SASSICAIA
**サッシカイア**

イタリアワインを牽引する「スーパータスカン」。豊かな酸味と果実味があふれるエレガントな赤ワインだ。

→ P194

# ワインの冷やし方

「ワインを適温にしたいけど時間が足りない！」
そんなときも、冷やし方を工夫することで、
短時間でもワインを飲み頃の温度に調節できる。

🕐 飲むまで・・・

## 2~3時間ある
### 適温になるまで冷蔵庫で冷やす

ワインを開けるまでに時間の余裕があるときは、冷蔵庫でじっくり冷やしておこう。特にスパークリングワインは冷やすほど炭酸が落ち着き、安全に抜栓することができるようになる。また、早く冷やそうとしてボトルを冷凍庫に入れたまま放置してしまうと、中身が膨張して破損を招く恐れがあるので避けること。

## 1時間くらいある
### 氷水に浸けるか、ぬれタオルを巻いて冷蔵庫に

「1時間後にはワインを開けたい」というときは、氷水を入れたクーラーやバケツに、ワインボトルを首元まで浸けて置いておこう。ボトルを浸けておく適当な容器がない場合は、ぬらしたキッチンタオルをボトルに巻きつけて冷蔵庫に入れると、普通よりも早く冷やすことができるのでおすすめだ。

## 1時間もない
### 氷水に塩を入れて、ボトルを回す

すぐにでもワインを飲みたい場合は、氷水を入れた容器に塩をひとつかみほど加えて混ぜ、ボトルネックまでしっかり浸けると良い。塩を入れることで凝固点が下がり、氷が早く溶けて水の温度を急速に下げることができる。さらに冷却スピードを速めたいときには、ボトルネックを指でくるくると回すと効果的。

WINE OPEN !!

# ワインのスマートな開け方

ワインを開けるときも格好良く決めたいもの。
間違った方法でワインを開けてしまうと、コルクが割れて台無しになることも。
正しい手順を押さえて、スマートにワインを披露しよう。

## スティルワインの場合

● ソムリエナイフを使用

【 フック 】　　　【 ナイフ 】

【 スクリュー 】

**1** ボトルの出っ張りの下にナイフを当てて一周回す。次に下から上に向かって縦に切れ込みを入れて、キャップシールを外す。

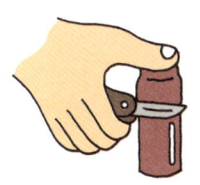

**2** ナイフ部分を閉じて、スクリューの先端をコルクの中心に差す。ゆっくり回しながら、らせん部分がひと回り程度残るまで差し込む。

**3** フックを瓶口に当て、てこの原理でグリップを真上に持ち上げる。ちぎれないように、抜ける手前になったら手で回しながら引き抜く。

## スパークリングワインの場合

**1** 吹き出し防止のため、事前にしっかり冷やしておくこと。ボトルをしっかり押さえて、キャップシールをキリトリ線に沿って取り外す。

**2** キャップが飛び出さないように、コルクの頭を指で押さえながら、針金をゆるめる。瓶口は絶対に人や壊れやすいものに向けないこと。

**3** コルクを片手で押さえたまま、ボトルをゆっくり回す。栓が瓶内のガス圧で持ち上がってくるので、栓を押さえつけるようにして静かに抜く。

# ワインボトルとコルクの種類

ワインボトルやコルクは一見同じようだが、
産地や造り手によってさまざまな個性がある。
よく見かける代表的な種類を見てみよう。

**ワインボトルの種類**

代表的なワインボトルは下記の3種類。ほかにも、ドイツのフランケン地方特有の丸い袋状をした「ボックスボイテル」や、わらを巻いたイタリアの伝統的な「キャンティ型」など、地域によって個性的なボトルも多いので見比べてみるのも楽しい。

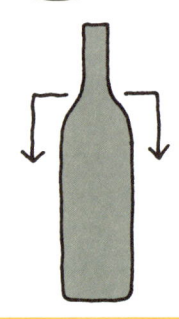

**ボルドー型**

その名の通りボルドーワインに用いられることが多い。いかり肩の形状が特徴で、注ぐときに澱（おり）が肩の部分にたまるようになっている。

**ブルゴーニュ型**

なで肩で安定感のあるボトル。互い違いに折り重ねて収納しやすい利点がある。澱が少ないブルゴーニュのワインによく使われる。

**フルート型**

背が高くスマートな形状。フランスのアルザスやドイツでよく見られ、品種はリースリングやピノ・グリ、ゲヴュルツトラミネールなどが多い。

**コルクの種類**

コルク栓といえば、密閉性に優れた天然コルクが一般的。しかし近年、コストがかかることや、バクテリアに汚染されて刺激臭を生じさせる不良コルクの原因になることから、合成樹脂コルクやスクリューキャップなどの代替品が登場している。

**天然コルク**

コルク樫の樹皮をはがして円筒状に固めたもの。優れた弾力性で気密性を保ち、長期熟成にも対応できる。

**圧縮コルク**

天然コルクを作った後のクズを集めて円筒状に固めたもの。縦に入った亀裂が少ないほど気密性が高い。

**合成樹脂コルク**

低コストで製造できることから、新世界を中心に人気を集めている。若いうちに楽しむワインに多い。

**スクリューキャップ**

気密性や安全性に優れており、コルク栓の代用として広く浸透している。高級ワインに使用されることも。

# ワインを注ぐ方法と量

とっておきのワインを開けたなら、
注ぎ方もスマートに見せたいところ。
ボトルの持ち方や入れる量、注ぎ方のコツを覚えよう！

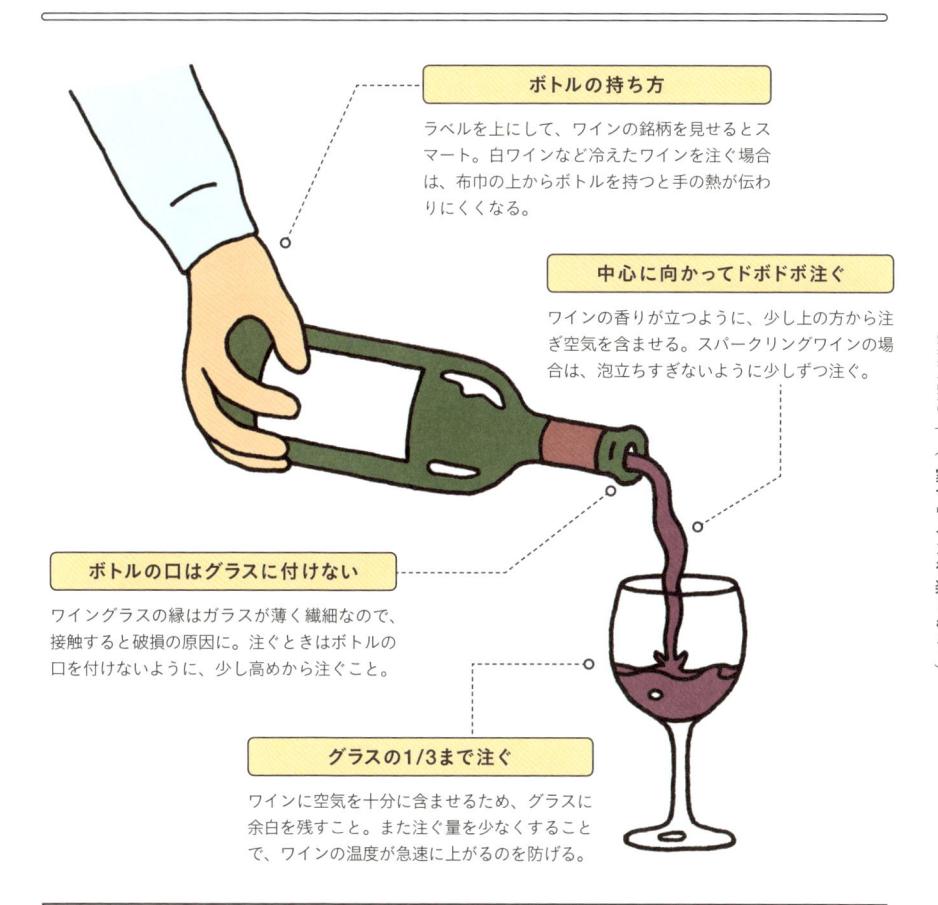

### ボトルの持ち方

ラベルを上にして、ワインの銘柄を見せるとスマート。白ワインなど冷えたワインを注ぐ場合は、布巾の上からボトルを持つと手の熱が伝わりにくくなる。

### 中心に向かってドボドボ注ぐ

ワインの香りが立つように、少し上の方から注ぎ空気を含ませる。スパークリングワインの場合は、泡立ちすぎないように少しずつ注ぐ。

### ボトルの口はグラスに付けない

ワイングラスの縁はガラスが薄く繊細なので、接触すると破損の原因に。注ぐときはボトルの口を付けないように、少し高めから注ぐこと。

### グラスの1/3まで注ぐ

ワインに空気を十分に含ませるため、グラスに余白を残すこと。また注ぐ量を少なくすることで、ワインの温度が急速に上がるのを防げる。

---

## ワインの液だれを防ぐコツ

**ボトルの口をくるっと回す**

ワインを注いだあと、手首を軽く回しながらボトルの口を上に向けると、しずくが瓶の中にきれいに落ちる。

**布巾でボトルの口を押さえる**

液が垂れてしまったら、きれいな布巾で瓶口を押さえる。手軽に液だれを防止できるグッズも。（P184）

# ワインの保存法

ワインは温度や日当たりなどによって刻々と風味が変わってしまう。
そこでワインセラーを持っていなくとも、劣化を最小限にし、
家庭で上手に保存できるポイントを紹介。

## 開栓前の保存法

### ⬆ スティルワイン

基本的に、ワインは低温・高湿な場所で保存すること。特にコルク栓の
場合は、乾燥した場所に長期間保存しておくとコルクに隙間ができてワ
インの酸化を進めてしまう可能性がある。保存する際は、コルクが常に
湿った状態になって気密性が高まるように、横に寝かせておこう。

### 保存時の 基本4条件

**温度**
12〜16度、
温度変化が少ない場所に

**湿度**
70〜80％

**光**
当たらない暗所に

**振動・強い匂い**
できるだけない場所に

### ➡ スパークリングワイン

スパークリングワインの保存で
大事なことは振動を与えないこ
と。振動の多い場所に長時間置
くと、泡が大きくなって注いだ
後に泡が抜けやすくなってしま
う。また、横に置くと炭酸ガス
の圧によってコルクが細くなり、
空気が抜けやすくなってしまう
ため、縦置きがベター。

## 開栓後の保存法

### STEP 1
### しっかり栓をして密閉する

**【 コルク栓 】**
抜いたコルク栓は捨てずに取っておくと、飲み残したボトルに再度はめて保存できる。コルクにラップを巻いてからはめ直せば密閉性が増す。

**【 ラップ 】**
コルク栓をなくしてしまった場合は、瓶口にラップを巻いて輪ゴムでとめる。密閉性は低いので早めに飲みきること。

**【 専用ストッパー 】**
ワイン専用のストッパーは、瓶口にしっかりフィットして酸化を防いでくれるので一つあると便利。(P184)

**【 真空ポンプ 】**
ポンプでボトルの中の空気を吸い出し、真空に近い状態で栓をすることができる。(P184)

### STEP 2
### ボトルは立てて保存

飲み残したワインは、空気中の酸素に触れてどんどん酸化していく。そのため、ワイン本来の風味を長く楽しみたいときは、縦置きにして冷蔵庫で保存するのがベスト。酸素に触れる面積が最小限になり、急激な劣化を防ぐことができる。

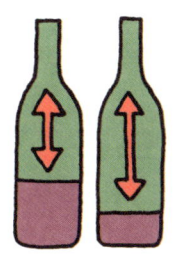

### 量が少ないほど劣化が早い!

ボトル内のワインの残量が少ないほど、空気の量が増えて酸化を早めてしまう。そのため、飲み残した量があまりに少ない場合は、小瓶などに移して瓶内の空気の量をできるだけ少なくするのがおすすめ。

---

### おいしく飲める保存期間の目安(開栓時)

| | | | |
|---|---|---|---|
| **赤ワイン** 3〜5日 | **白ワイン** 2〜3日 | | |
| **スパークリングワイン** 1〜2日 | **甘口ワイン** 3〜7日 | ※冷蔵庫で保存した場合<br>※ワインの銘柄によって変動 | |

# 残ったワインの使い道

飲みかけのまま長く放置してしまったワインも、
料理の隠し味や煮込み料理、サングリアなどに
活用すればもっと長く楽しめる。

## - 1 -
## 料理の隠し味に

ワインの活用方法として最も手軽なのが、料理の隠し味。カレーやビーフシチューなどの煮込み料理に加えることで、味に深みが増し、普段の料理を簡単にアップグレードできる。料理に使うワインを一緒に飲むワインと同じ品種にすると、相性は一層良くなる。

- ● カレー〈赤ワイン〉
- ● ビーフシチュー〈赤ワイン〉
- ● 肉じゃが〈赤ワイン〉
- ● すき焼き〈赤ワイン〉
- ● クリームシチュー〈白ワイン〉

## - 2 -
## 煮込み料理、ソースに

ワインは魚介や肉の臭みを和らげてくれるため、煮込み料理にぴったり。また、素材を柔らかくしてくれる効果も期待できるため、パサつきがちな鶏肉などをジューシーに仕上げたいときにも活躍する。蒸し料理などに白ワインを使うと酸味が効いて爽やかな味わいに。

- ● コック・オー・ヴァン（鶏肉の赤ワイン煮込み）
- ● チーズフォンデュ〈白ワイン〉
- ● ムール貝（あさり）の白ワイン蒸し
- ● 魚の蒸し煮〈白ワイン〉
- ● クリームソースのパスタ〈白ワイン〉

## - 3 -
## サングリア、ホットワインに

お酒好きの人なら、フルーツを漬け込むだけでアレンジできるサングリアに挑戦してみよう。寒い時期には、身体の芯まで温まるホットワインもおすすめ。ピノ・ノワールの赤ワインやボージョレのワインなど、軽めの味わいのワインで作るとよりおいしく出来上がる。

- ● 自家製サングリア
- ● ホットワイン
〈ピノ・ノワールの赤ワインやボージョレの
ワインなど、軽めのワインがおすすめ〉

## - 4 -
## ワインビネガーに

ワインビネガーは、ワインに生酢（熱加工されていないお酢）を4：1くらいの割合で混ぜることで比較的簡単に作れる。一度作っておけば、ドレッシングや調味料として応用できるほか、ソースにアレンジしたりマリネのベース液に使ったりと、料理の幅がグッと広がる。

- ● サラダドレッシング
- ● ビネガードリンク
- ● マリネ、ピクルス
- ● タルタルソース
- ● 煮込み料理の隠し味

# ワインを使ったレシピ

## ホットワイン

### 材料

ワイン…750mL
グレープジュース…70mL
オレンジジュース…50mL
アップルジュース…20mL
レモン汁…10mL
ハチミツ…大さじ7

### 作り方

1. 鍋に材料を全て入れる。
2. かき混ぜながら沸騰しない程度に温めて、全体に火が通ったら完成。（冷蔵庫で鍋のまま1日おくと味がよりまろやかに仕上がる）
3. カップに注いだら、お好みでシナモンスティック1本を浸す。

## コック・オー・ヴァン
### 〈鶏肉の赤ワイン煮込み〉

### 材料（2人分）

骨付き鶏モモ肉…2本分
A ┌ タマネギ…1/2個　　ニンジン…1/2本
　 └ マッシュルーム…3個
ニンニクスライス…1片分
赤ワイン…300mL
薄力粉…小さじ1〜2　溶かしバター…約10g
塩、コショウ…適量

### 作り方

1. Aは食べやすい大きさにカットする。
2. 鶏肉の両面に塩、コショウをし、深めのフライパンで焼く。両面に焼き色が付いたら、いったん取り出す。
3. 鶏肉を焼いた後の油にニンニクを入れて香りを出し、Aを入れて炒める。
4. Aに火が通ったら、鶏肉を戻す。鶏肉が浸るくらいに赤ワインを入れて、一度沸騰させてアクを取り除く。塩小さじ1/3（分量外）を加えて1時間ほど弱火で煮る。
5. 煮ている間に、とろみ付け用に薄力粉とバターを混ぜておく。
6. ④が煮えたら、⑤を入れてとろみを付け、一度沸騰させる。
7. 塩、コショウで味を整えて完成。

# 音楽・映画とのマリアージュを楽しむ

音楽や映画のように、ワインもまた
造り手や産地によってさまざまなストーリーを持つ。
共通のキーワードを見つけて、最高のマリアージュを楽しんでみて。

## 音楽と合わせる

### PATERN 1

クラシック

×

作曲家の出身国の
ワイン

作曲家の出身地と同じ産地のワインを合わせると、ワインのテロワールが際立ち、個性がはっきり感じられるようになる。同じ要領で、アルゼンチンワインとタンゴ、アメリカワインとロックなどで合わせても面白い。

フリッツ・クライスラー作曲
（オーストリア）
『愛の喜び＆愛の悲しみ〜
クライスラー自作自演集』
ソニー・ミュージックジャパンインターナショナル

ウィーン出身の天才バイオリニスト兼作曲家による世界的な名曲。ロマンティックで情趣あふれる演奏は、20世紀前半にジャンルを超えて愛された。

AUSTRIA

ウーラー・グリューナー・
ヴェルトリーナー
ラングトイフェル

オーナーのペーター・ウーラーは「ウィーン放送交響楽団」の現役バイオリニスト。ウィーン音楽にしっとりと合う。

ガブリエル・フォーレ作曲（フランス）
『夢のあとに〜
宮本文昭ベスト・アルバム』
ソニー・ミュージックジャパンインターナショナル

曲中では、夢で出会った美しい女性との幻想的な世界が描かれ、最後に夢から覚めた主人公の悲しい叫びが響きわたる。はかなくも切ないメロディーは秀逸。

FRANCE

ヴィニョブル・デュ・
レヴール
ピエール・ソヴァージュ

造り手の名前は「夢見る者のブドウ畑」という意味。「自由と革新」をテーマに、新しい醸造法にも意欲的だ。

### PATERN 2

曲のストーリー

×

ワインの
ストーリー

ワインと曲の物語を重ね合わせると相乗効果で、両者の物語がより深みを増す。左記の「夢見る者のブドウ畑」のワインを飲んでからフォーレの「夢のあとに」を聴くと、夢心地のような不思議な余韻が広がるはず。

# 映画と合わせる

## PATERN 1

『007／
ダイヤモンドは永遠に』
×
ボルドーの赤ワイン

注目は、ジェームズ・ボンドと彼の殺害をもくろむ偽ソムリエが対峙する一コマ。ボンドはソムリエが本物かを試すため、クラレット（ボルドーの赤ワイン）というワイン用語を巧みに使う。思わずボロを出す偽ソムリエと、ボンドの名台詞が響く痛快なシーンは必見だ。

『ダイヤモンドは永遠に』
ブルーレイ発売中 2,057円 20世紀フォックス ホーム エンターテイメント ジャパン DIAMONDS ARE FOREVER (C) 1971 United Artists Corporation and Danjaq, LLC. All Rights Reserved. 007 Gun Logo (C) 1962-2015 Danjaq, LLC and United Artists Corporation. JAMES BOND, 007, 007 Gun Logo and all other James Bond related trademarks TM Danjaq, LLC. All Rights Reserved. Package Design (C) 2015 Metro-Goldwyn-Mayer Studios Inc. All Rights Reserved. Distributed by Twentieth Century Fox Home Entertainment LLC. TWENTIETH CENTURY FOX, FOX and associated logos are trademarks of Twentieth Century Fox Film Corporation and its related entities.

**シャトー・ムートン・ロスチャイルド**

作中に登場するボルドーの赤ワイン。フランス五大シャトーの一つで、毎年著名な画家の作品がラベルに描かれることでも知られる。

---

『タイタニック』＜2枚組＞
ブルーレイ発売中 2,057円
20世紀フォックス ホーム エンターテイメント ジャパン

## PATERN 2

『タイタニック』
×
シャンパーニュ

貴族の娘ローズを救ったジャックがお礼として晩餐会へ招待される名シーン。ここでは、貧しいジャックが普段は飲めない上流階級のシャンパーニュを小道具に使い、生活階級の違いをさりげなく演出している。グラスを傾けながら、貴族気分で鑑賞してみては？

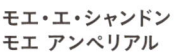

**モエ・エ・シャンドン
モエ アンペリアル**

270年以上の歴史を持つモエ・エ・シャンドンのアイコン的存在。作中では、当時飲まれていたボトルが登場している。アンペリアルは「皇帝」という意味。

# ワインで困ったときの対処法

いざワインを飲もうとボトルを開けたら、
香りや味に違和感を覚えたり、好みの味でなかったり……。
そんなトラブルもちょっとした工夫で飲みやすく変わるかも？

## HELP! 1

### ワインの香りが強すぎる

**冷蔵庫でしっかり冷やす**

「ワインの香りが強すぎて飲みにくい」という場合は、冷蔵庫で一度しっかり冷やしてみよう。香りが穏やかになり、比較的飲みやすくなるはずだ。また、魚料理など繊細な味わいの料理と合わせるときも、少し冷やしてから飲むとうまく調和する。

## HELP! 2

### ワインの香りがあまりしない…

**グラスを2、3度回して空気に触れさせる**

ワインの香りがあまり感じられないときは、グラスを2、3度軽く回してみよう。空気に触れさせて酸化を進めることで、香りが開きやすくなる。また、グラスのボウル部分を手のひらで包んで温めると、温度が上がり香りが強調されるようになる。

## HELP! 3

### タクアンや硫黄のような異臭がする！

**しばらく置くか、酸化させると香りが和らぐ**

タクアンや硫黄などの独特の香りは還元臭と呼ばれ、アルコール発酵中に酸素が欠乏することで発生すると言われている。しばらくすると自然と消えるが、気になる場合はデキャンタージュしてワインを空気に触れさせると香りが軽減する。

<table>
<tr><td>

**M E M O**　**ブショネってどんな臭い？**

ワインの異臭として有名な「ブショネ」。原因は、コルク内の微生物とコルクの漂白に使った塩素との化学変化によるものとされている。その臭いは、カビや鉛筆の削りカス、野菜が腐った臭いなどと表現されることが多い。近年では、スクリューキャップなどの台頭により減少傾向にあるが、それでも3〜7％は流通しているという。

</td></tr>
</table>

**HELP!**
**4**

ワインの味が
甘すぎる

**冷蔵庫で冷やす。
または、ピリッと
辛い料理と合わせる**

ワインの甘みが気になる場合は、冷蔵庫で冷やすとすっきりした印象になって飲みやすくなる。貴腐ワインなど甘みが強いワインは10度以下に冷やしておくと、飲み口がスムーズに。また、辛口の料理と合わせるなど、食べ合わせも意識すると良い。

**HELP!**
**5**

ワインの味が
渋すぎる

**デキャンタージュして、
ワインの温度を上げる**

渋味や酸味を柔らかくしたいときには、デキャンタージュして酸素に触れさせるのがおすすめ。ワインの温度も上がるので、甘みが強まってアルコール分を感じにくくなり、全体的に飲みやすい印象に変わる。赤ワインが苦手な人はお試しあれ。

**HELP!**
**6**

コルクの裏に
ガラスのようなものが
付いている

**人体には
無害なので
気にしなくてOK**

コルクの裏についたガラスの正体は「酒石」。酒石とは、ブドウに含まれる酸味成分の酒石酸とミネラルが結合してできる結晶で、基本的に人体には無害。ミネラル分の多い上質なワインほど酒石が多く、「ワインのダイヤモンド」と呼ばれることも。

# 持っておきたいワイングッズ

ワインを余すことなく楽しみたいのなら、
開栓時や注ぐときはもちろん、温度管理や保存、風味の調節も
しっかりサポートしてくれる万能グッズを手に入れよう。

## 開ける・注ぐ

ワインの味を想像しながらスムーズに栓を開けて注ぐことができれば、気分はグッと盛り上がる。

### ビギナーでも簡単に開けられるウイング式オープナー

〈キディニ〉
スパイラルウイング クローム／918円

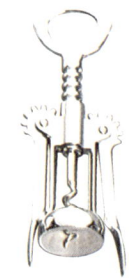

イタリア生まれのワインオープナー。てこの力を使うので力の弱い人でも開けやすいのが魅力。

> スタイリッシュなデザインと高い機能性で人気！

### いつかは持ちたいプロ愛用のソムリエナイフ

〈シャトーラギオール〉
スタミナウッドレッド／22,680円

世界最高峰と称されるソムリエナイフ。ワインを開けるのが至福のひとときに。

### 液だれを予防してくれるメタリックなポアラー

〈Schur〉ドロップストップ
シルバー（2枚入）／378円

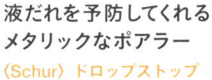

くるっと丸めて瓶口に差し込むだけで、ワインの液だれをきれいにカットできる。

DropStop®
北欧生まれの万能ポアラー

> 世界初の技術で、ワインの酸化を防止する

### かぶせるだけでOK！革新的なシリコンストッパー

〈プルテックス〉アンチ・オックス
ブルー／2,376円

内部のカーボンフィルターが、酸化の原因となる揮発性成分と酸素の接触を抑制する。

## 保存する

飲み残したワインを少しでも長持ちさせたいなら、酸化を抑制できる便利なグッズを常備したい。

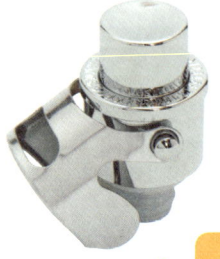

### 泡がしっかり残り、シャンパーニュのおいしさを長く楽しめる

〈flow〉シャンパンセーバー クローム／918円

ポンピングでボトル内を加圧し、シャンパーニュの気抜けを防止できるセーバー。

> サイドフックでボトルにしっかり取り付けられて安心！

## 温度を管理する

ワインを適温でキープするのは難しいもの。グッズを上手に使って最高の状態で楽しもう！

### ボトルにかぶせるだけで
### ワインを最適な温度にキープ

〈ル・クルーゼ〉アイスクーラースリーブ
チェリーレッド／2,484円

テーブルに置いたまま、ワインを適温に保つことができるアイスクーラー。

見た目もおしゃれで
インテリアにも

### ビギナーにこそおすすめ
### 気軽に頼れるワインセラー

〈フォルスター〉カジュアルプラス
（26本収納）／オープン価格

断熱性に優れ、ボトルを入れておくだけで温度を自在に調節できる。

持ち運び
便利なので
アウトドアにも

## 味わいを変える

ワインの香りを広げたり、味をまろやかに変えたり、グッズ一つで味わいの幅は無限に広がる。

科学実験のような
ユニークなパフォーマンスで
ゲストもあっと驚くはず

飽きのこないシンプルな
デザインが魅力

### ワインを見事に開花させる
### デキャンタの進化系

〈デキャンタス〉コニサー 6点セット
（110×73×150mm）／9,180円

円すい形チューブを通すことで空気を効率的に引き込み、ワイン本来の香りを最大限引き出す。

### ふた付きで使いやすい！
### カジュアルなデキャンタ

〈アルクインターナショナル〉
エレガンスデキャンタ／2,052円

香りを開く、渋味をまろやかにするなど、手軽にワインの味わいを調節できるデキャンタ。

# ワインのトラブル、こんなときどうする？

### 赤ワインをこぼして洋服にシミが……。正しいシミ抜き方法を知りたい！

**IDEA 1**

#### すぐに水洗い！

こぼした直後は石鹸や洗剤は使わず、すぐに水洗いするのが正解。水洗いできない場合は、濡らしたティッシュで軽く拭く。

**IDEA 4**

#### 携帯用シミ取り剤もおすすめ

ペン型のシミ取り剤なら、水がいらないので外出先でも使用できる。ペン先を洗えるので衛生的。

〈ドクターベックマン〉
ステインペン／594円
（日本クリエイティブ
☎03-3449-5901）

**IDEA 2**

#### 帰宅後は石鹸や食器用洗剤で洗おう

時間が経ってしまった場合は、石鹸や食器洗剤を使ってまずは手洗い。その後に洗濯機で洗うと、シミが落ちやすくなる。

**IDEA 3**

#### 漂白剤・重曹も効果アリ！

ボウルや桶に水を張り、漂白剤または重曹をスプーン約1杯混ぜ、10分ほど浸けてから洗うのも効果的。生地の色落ちには注意。

### 飲みすぎて二日酔いに……。ワインは二日酔いになりやすい？

**白より赤の方が二日酔いになりやすい！**

赤ワインは常温に近い温度で飲むことが多く、アルコールが体内に素早く吸収されやすい。そのため、白ワインに比べて酔いが回りやすいと言われている。また、赤ワインにはヒスタミンやチラミンといった頭痛を引き起こすとされる成分も入っており、飲みすぎると二日酔いの原因につながるという説も。ワインは適量を心掛けよう。

**【二日酔いの予防策・対処法】**

**予防**
- 飲酒時に同じ量の水を飲む
- 飲酒前にオリーブオイルをスプーン1杯分飲む
- ワインを30分ほど空気に触れさせてから飲む

**対処**
- ビタミンBやビタミンCを多く含む果物を食べる
- 寝る前に1リットル程度の水を飲む
- 水に少量の重曹を混ぜて飲む

## · CHAPTER ·

# 6

ワインを買う

すっきり解決！
# お悩み別ワインリスト

入門編に最適な格安ワインから名作と呼ばれる高級ワイン、
チャレンジングな気鋭ワインや個性派ラベルまで、
どれを選べば良いか分からず、
頭を抱えてしまう人も多いのでは？
選び方のポイントとともに、ワインプロデューサーの
大西タカユキが厳選した計72本のワインを紹介する。

※特に容量の表記がない場合は、全て750mLです
※ヴィンテージの表記は省略しています
※商品は2018年1月現在のもののため、売り切れになる場合があります
※ラベル、ブドウ品種、アルコール度数、価格、取り扱い先は変更となる場合があります

**Q1.**

<u>安くておいしいワインって</u>
<u>どう選んだらいいの？</u>

**A.**
ずばり、チリやオーストラリアなど
新世界のワインを選ぶとハズレなし！

「ワインは高いほどおいしい」と思われがちだが、リーズナブルな価格帯でもいくつかのポイントを押さえれば十分においしいワインを楽しむことができる。

まずは、新世界のワインにターゲットを絞ってみよう。新世界はワインの歴史が比較的新しいものの、最新技術や効率的な醸造方法を積極的に採り入れることで、良質なワインを安定して生産することに成功している。近年では、旧世界をしのぐ勢いで成長し、ワイン通をうならせる銘柄も多い。

また、それぞれの国の関税をチェックしてみるのも一つの手。現時点で、チリやオーストラリアのワインにかかる関税はほかの国に比べて低いため、比較的低価格でゲットできる。さらに、関税が安くなったり、撤廃になったりする国も徐々に増える予定なので注目してほしい。

ちなみに、旧世界で手頃なワインを選ぶときは、ボルドーなどの有名すぎる産地は外すこと。産地を変えるだけで、良質なワインも手が届きやすくなる。

---

*POINT*
───── ワイン選びのポイント ─────

**関税が安い国の
ワインを選ぶ**

新世界の中でも、チリとオーストラリアは関税が低くなっているので狙い目。今後はEUのワインにかかる関税も低くなるので、目が離せない。

**新世界のワインを選ぶ**

新世界では、最新技術を精力的に採り入れてワイン造りを行う造り手も増えている。安定しておいしいワインを造ることができるため、ビギナーも安心。

**旧世界ならあえて
有名な産地を外す**

旧世界の場合、ボルドーやブルゴーニュなど名のある産地のワインは高めなので、あえて避けるのもおすすめ。掘り出し物のワインを発見できるかも。

# Adega Do Moleiro Tinto

アデガ・ド・モレイロ ティント

  ポルトガル

## 果実のフレッシュ感と凝縮感を
## 同時に味わえる万能ワイン

「価格を抑えたまま、どこまで品質を高められるか」を追求したサントス兄弟によるこだわりの一本。このワインは自社畑のブドウ100％で造られており、ひと口飲むと、まるで摘みたてのブドウをかじっているかのようなフレッシュな酸味と、凝縮された果実味がバランス良く広がる。抜栓した瞬間に立ち上る濃厚なフルーツのアロマとまろやかな口当たりは、ワインを飲み慣れていない人でも親しみやすいのでおすすめ。1,000円以下とリーズナブルな価格ながら飲みごたえ抜群で、高い人気を集めている。ワイナリー「サントス＆サントス」の象徴である"風車"が描かれたラベルを目印にしよう。

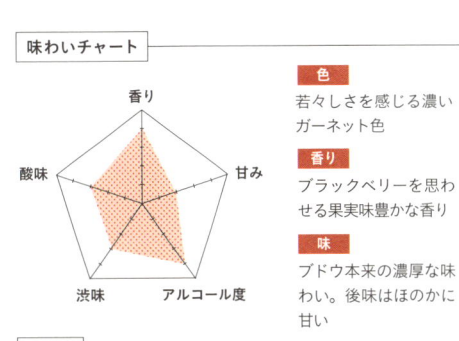

味わいチャート

香り　甘み　アルコール度　渋味　酸味

**色**
若々しさを感じる濃いガーネット色

**香り**
ブラックベリーを思わせる果実味豊かな香り

**味**
ブドウ本来の濃厚な味わい。後味はほのかに甘い

### DATA

ブドウ品種：シラー、カラドック、アラゴネス
生産地：リスボア
ワイナリー：サントス＆サントス
アルコール度数：13.5％
価格：810円／モトックス
📠 0120-344101

## CAVA Gran Livenza Brut NV

**カヴァ グラン リベンサ ブリュット**

  スペイン

### 香りも味もすがすがしい！
### 本格派スパークリングワイン

　シャンパーニュと同様の瓶内二次発酵で造られた辛口スパークリングワイン。ワイン＆スピリッツ専門誌で"世界一"と称された人気の一本で、かんきつ系の香りとコクのある味わいが特徴。キレのあるクリアな後味で、飲み進めても飽きがこない。

**DATA**
ブドウ品種：パレリャーダ、シャレロ、マカベオ
生産地：ペネデス
ワイナリー：ガルシア・カリオン
アルコール度数：11.5%
価格：オープン価格／
セントミハエルワイン
アンドスピリッツ
☎ 06-4704-5732

## AROMO CABERNET SAUVIGNON

**アロモ カベルネソービニヨン**

  チリ

### ワイナリーの歴史と情熱が
### 詰まったエレガントなワイン

　90年にわたってワイン造りに情熱を注いできた「アロモワイナリー」の代表作ともいえる一本。ワインはしっかりとした色調のルビー色で、完熟したプラムやベリーの香りがエレガント。タンニンも豊富で、渋味と酸味のバランスが絶妙だ。

**DATA**
ブドウ品種：カベルネ・ソーヴィニヨン
生産地：
セントラルヴァレー（マウレヴァレー）
ワイナリー：アロモワイナリー
アルコール度数：13.5%
価格：972円／徳岡
☎ 06-6251-4560

## Aves del sur Gewuerztraminer Reserva

**デル・スール ゲヴュルツトラミネール レセルバ**

  チリ

### 南国系の華やかなアロマが
### 甘さをほんのりと引き立てる

　チリワインの中心地であるセントラルヴァレーに自社畑を持つワイナリーで造られたワイン。美しいイエローの色味と、バラやライチのような華やかな香りが魅力だ。ほのかな甘みとふくらみのある味わいがリッチな気分にさせてくれる。

**DATA**
ブドウ品種：ゲヴュルツトラミネール
生産地：
セントラルヴァレー（マウレヴァレー）
ワイナリー：ビカール
アルコール度数：12.5%
価格：1,242円／モトックス
0120-344101

## RARE VINEYARDS CHARDONNAY

**レア ヴィンヤーズ シャルドネ**

  フランス

### 手間を惜しまず仕込まれた
### 清らかな余韻に浸る

　15日間15度の低温で発酵させた後、タンクで3ヵ月の熟成を経て丁寧に造られたワイン。洋ナシやバニラ、あんずなどのフルーティーな香りが次から次に感じられる。きれいな酸味があり、飲み口はスムーズ。後味に澄みきった余韻が残る。

**DATA**
ブドウ品種：シャルドネ
生産地：ラングドック＆ルーション
ワイナリー：LGI
アルコール度数：13.5%
価格：1,188円／飯田
☎ 072-923-6002 （代）

## Romeo&Juliet Bianco

ロミオ＆ジュリエット・ビアンコ

  イタリア

**愛の物語にふさわしい
ほのかに甘いピュアな味わい**

『ロミオとジュリエット』の舞台で
もあるヴェネト州で造られた、フレ
ッシュな味わいのワイン。ソフトな
口当たりとほのかな甘みで、物語を
ほうふつとさせる切ない味わいが広
がる。アルコール度数も低めなので、
ワイン初心者でも飲みやすい。

**DATA**
ブドウ品種：トレッビアーノ、
ガルガーネガなど
生産地：ヴェネト
ワイナリー：GIV
アルコール度数：11.5%
価格：オープン価格／モンテ物産
☎ 0120-348-566

## Alameda Chardonnay

アラメダ シャルドネ

  チリ

**温度によって趣を変える
フルーティーな味わい**

トロピカルフルーツやバニラのよ
うな甘い香りが特徴の辛口白ワイン。
果実味豊かで、酸味は爽やか。しっ
かり冷やすことで、酸味とミネラル
感がより際立つ。温度を上げると、
まったりとしたうま味と甘みが増す。
魚介と相性抜群。

**DATA**
ブドウ品種：シャルドネ
生産地：D.O.セントラル・ヴァレー
ワイナリー：アラメダ
アルコール度数：13%
価格：493円／ヤマエ久野
☎ 092-612-2342

## Closa del Camino

クローサ デル カミーノ

   スペイン

**産地ごとのブドウの特性を生かした
オールラウンダーなワイン**

「自分のワインを造りたい」と、5
世代にわたって続くワイナリーから
独立。自社畑と契約畑の地ブドウを
使用し、産地ごとの特性が表れたワ
インを生み出した。レッドベリーの
香りで、渋味と酸味のバランスが良
く、どんな料理にも合わせやすい。

**DATA**
ブドウ品種：テンプラニーリョ、
ガルナッチャ、ビウラ
生産地：リオハ周辺
ワイナリー：ダビド・サンペドロ・ヒル
アルコール度数：13%
価格：1,080円／稲葉
☎ 052-741-4702

## Vinedos Errazuriz Ovalle S.A.
## Panul Carmenere

エラスリス・オバリェ パヌール カルメネール

  チリ

**チリのゴールデンルーキーが造る
カルメネールの最高傑作**

チリの代表品種であるカルメネー
ルのうま味を十分に堪能できる一本。
チョコレートやプラムを連想させる
香りと完熟したブドウの凝縮感が持
ち味だ。1992年設立の新しいワイ
ナリーでありながら、輸出量を伸ば
し続けているチリの期待の新星。

**DATA**
ブドウ品種：カルメネール
生産地：コルチャグア・ヴァレー
ワイナリー：
ビニェードス・エラスリス・オバリェ
アルコール度数：12.5%
価格：918円／モトックス
☎ 0120-344101

**Q2.**
自分へのご褒美に
ワインを選びたいんだけど、
気分を盛り上げるワインはない？

**A.** 有名ブランドのワインや
シャンパーニュなど、普段味わえない
ワインで非日常を演出してみよう！

大きな仕事をやり遂げたときや疲れたときのプチぜいたくなど、頑張った自分へのご褒美にワインを選ぶのは、ワンランク上の大人の楽しみ方。憧れのワインに手を伸ばしてみる絶好のタイミングでもあるので、思い切っていいワインを選んでみよう。

例えば、ボルドーの五大シャトーや伝統的な旧世界のワイナリーなど、普段なかなか飲む機会のない有名ブランドのワインに挑戦するといいだろう。高級ワインだからこそ味わえる奥深い香りや複雑味に、ワインの魅力を再発見するとともに、至福のひとときを堪能できるはずだ。

また、特別感を演出するならシャンパーニュを選ぶと間違いない。きめ細かい泡とエレガントな味わいはうっとりするほど心地よく、フルートグラスで乾杯すれば見た目にもグッと気分が盛り上がる。ちなみに、フランスのシャンパーニュでは、スポーツで勝利した際に振る舞う風習があるほど、特別な日には欠かせない存在だ。リッチなワインで自分をとことん甘やかしてみよう。

---

*POINT*
**ワイン選びのポイント**

**憧れのワインに
チャレンジ！**

以前に「飲んでみたい」と思ったワインや憧れの高級ワインを自分へのプレゼントに。普段よりもぜいたくなワインを買って、ご褒美の時間に酔いしれよう。

**有名ブランドを選ぶ**

有名ブランドのワインなら、品質も味わいもお墨付きで安心。高価格帯でも、年によって比較的手頃にゲットできるものもあるのでチェックしてみよう。

**気分を盛り上げるなら
シャンパーニュ！**

美しい泡と透き通った色で、特別感たっぷりのシャンパーニュ。フルートグラスを用意しておけば、よりスペシャルな雰囲気を演出できる。

---

# DOM PÉRIGNON

**ドン ペリニヨン**

  フランス

## 黄金の泡がきらめく
## "シャンパーニュの王さま"

　"シャンパーニュの父"と呼ばれるドン・ピエール・ペリニヨン氏は「世界最高のワインを造る」という志を掲げ、ワイン造りに情熱を注いできた。その名を冠した高級シャンパーニュが「ドン ペリニヨン」。厳しい品質条件をクリアしたブドウのみを使用するため、年によっては製造を行わない場合も。また、一般的なシャンパーニュに比べて熟成年数が長く、最低でも8年以上熟成させるのも特徴だ。クリーミーな泡から伝わる繊細な口当たりとボリューム感ある果実味が口に広がり、余韻にはエッジの効いた複雑なニュアンスが残る。芸術品のように洗練された極上の一本は、大切な日にこそふさわしい。

**味わいチャート**

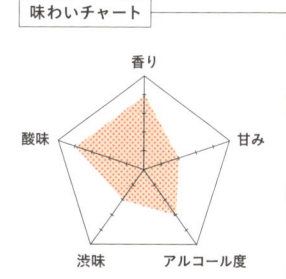

**色**
輝きのあるゴールド色

**香り**
かんきつ系やプラムなどさまざまな香りが重なる

**味**
熟成感のある味わいとフルーティーな口当たりが絶妙なバランス

**DATA**

ブドウ品種：ピノ・ノワール、シャルドネ
生産地：シャンパーニュ
ワイナリー：モエ・エ・シャンドン
アルコール度数：12.5%
価格：22,000円／MHD モエ ヘネシー ディアジオ
☎ 03-5217-9732

CHAPTER 6 ｜ （ お悩み別ワインリスト ）

## Opus One

**オーパスワン**

 🇺🇸 アメリカ

### 2人の巨匠によって
### 緻密に計算された"夢の逸品"

　カリフォルニアワインの重鎮であるロバート・モンダヴィ氏と、五大シャトーの一翼を担うロスチャイルド男爵が理想のワインを追求。緻密なブレンドにより、黒い果実や花、ハーブのニュアンスが重なるゴージャスな香りと美しい酸味を楽しめる。

**DATA**
ブドウ品種：カベルネ・ソーヴィニヨン、プティ・ヴェルド、カベルネ・フラン、メルロ、マルベック
生産地：カリフォルニア（ナパ）
ワイナリー：オーパス・ワン ワイナリー
アルコール度数：14.5%
価格：50,652円／ピーロート・ジャパン
☎ 03-3458-4455

## Chateau LATOUR

**シャトー・ラトゥール**

🇫🇷 フランス

### 独創的な香りで世界を魅了する
### 老舗シャトーの名作

　完璧なまでの品質主義によって、高いクオリティーのワインを生み出し続けている「シャトー・ラトゥール」。タンニンが豊かなフルボディで、スギやヒノキといった独特の香りは鮮烈だ。果実の凝縮感と重厚な味わいは力強く荘厳。

**DATA**
ブドウ品種：カベルネ・ソーヴィニヨン、メルロ、カベルネ・フラン
生産地：ボルドー（ポイヤック）
ワイナリー：シャトー・ラトゥール
アルコール度数：13%
価格：135,000円／エノテカ
☎ 0120-81-3634

## SASSICAIA

**サッシカイア**

 🇮🇹 イタリア

### 濃密なアロマが華やぐ
### "元祖スーパータスカン"

　20年以上にわたりイタリアワインを牽引してきた「スーパータスカン」の元祖。ワイン名の由来にもなっている砂利の多い地質から、エレガントでクラシカルなスタイルを持つワインが生まれた。フレッシュなタンニンと甘い果実味が魅力。

**DATA**
ブドウ品種：カベルネ・ソーヴィニヨン、カベルネ・フラン
生産地：トスカーナ
ワイナリー：サッシカイア
アルコール度数：13%
価格：20,520円／エノテカ
☎ 0120-81-3634

## Único

**ウニコ**

 🇪🇸 スペイン

### 良年にしか造られない
### "唯一無二"のスペインワイン

　スペイン語で"ユニーク・唯一の"という意味の「ウニコ」。良年だけに生産、自社畑の厳選したブドウのみを使用。収穫量を極力抑える、10年以上熟成させるなど、驚くほど手間を掛けている。芳醇でシルキーな口当たりが記憶に残る逸品。

**DATA**
ブドウ品種：ティント・フィノ、カベルネ・ソーヴィニヨン
生産地：DOリベラ デル ドゥエロ
ワイナリー：ベガ シシリア
アルコール度数：14%
価格：64,300円／ファインズ
☎ 03-6732-8600（代）

## Guy Amiot et Fils
## Le Montrachet Grand Cru

ギイ アミオ エ フィス ル モンラッシェ グラン クリュ

 フランス

**"偉大な畑"から生まれた
濃密で力強い白ワイン**

　ブルゴーニュの特級畑「モンラッシェ」で造られた辛口白ワイン。樹齢80年に達する古樹から収穫したブドウを新樽で熟成するため、生産量は年に600本ほど。遅摘みにより、パワフルで伸びやかな口当たりとミネラル感が際立つ稀少なワインだ。

**DATA**
ブドウ品種：シャルドネ
生産地：ブルゴーニュ
（シャサーニュ・モンラッシェ）
ワイナリー：
ギイ・アミオ・エ・フィス
アルコール度数：13.5%
価格：92,880円／
ラック・コーポレーション
☎ 03-3586-7501

## Chateau d'Yquem

シャトー・ディケム

 フランス

**甘美な味わいで世界を魅了する
稀代の貴腐ワイン**

　1本のブドウの樹からグラス1杯分しか造られないという稀少な貴腐ワイン。1855年にはシャトーの格付けで特別第1級に選出されている実力派だ。粘性のある濃厚な甘みと上品な酸味の中に、ドライフルーツのような芳醇な香りが感じられる。

**DATA**
ブドウ品種：セミヨン、
ソーヴィニヨン・ブラン
生産地：ボルドー（ソーテルヌ地区）
ワイナリー：シャトー・ディケム
アルコール度数：13%
価格：116,100円／徳岡
☎ 06-6251-4560

## CHARLES VAN CANNEYT
## Chambertin

シャルル ヴァン カネット シャンベルタン

 フランス

**ナポレオンも溺愛した
エネルギッシュで男らしい味わい**

　「ナポレオンが遠征時、馬車に満載にして持ち運んだ」という逸話が残るワイン。ブラックベリーのような濃厚な果実の香りと、やや重めのスパイシーな複雑味を持つ。緻密なタンニンで飲み口は滑らか。しっかりとした骨格で、優雅な余韻が続く。

**DATA**
ブドウ品種：ピノ・ノワール
生産地：ブルゴーニュ
（ジュヴレシャンベルタン）
ワイナリー：
アラン・ユドロ・ノエラ
アルコール度数：12%
価格：81,000円／徳岡
☎ 06-6251-4560

## Almaviva

アルマビバ

 チリ

**ボルドー最高峰の技術を融合した
チリのプレミアムワイン**

　ボルドーの高級ワインを手掛けるロスチャイルド社と、チリ最大のワイナリーがコラボした一本。フランスの技術や伝統を採り入れ、栽培から醸造、品質管理における手法を見直し、アロマティックで繊細な味わいのチリワインを実現した。

**DATA**
ブドウ品種：カベルネ・ソーヴィニヨン、
カルメネールなど
生産地：プエンテ・アルト
ワイナリー：ビーニャ・アルマビバ
アルコール度数：14.5%
価格：25,488円／モトックス
☎ 0120-344101

**Q3.**
名門のワインってどれもお高め……
もう少し手軽に飲めるものってない？

**A.**
それなら「セカンドラベル」を選んでみて。
名門シャトーの高級ワインも
良心的な価格で楽しめるのでおすすめ！

　名門シャトーで最上級のブドウを使った"シャトーの顔"とも呼べるワインをファーストラベルという。値段は少々張るものの、伝統的な製法や品質の高さから世界的に高い評価を受けているものも多い。

　一方、同じシャトーの畑で造られたブドウでも、樹齢が若い場合や、土壌の質や日当たりなどの環境がファーストラベルのレベルに届かなかったワインをセカンドラベルという。ときとして、発酵や熟成、瓶詰めの際に、生産者の厳しい目によって弾かれてしまったワインが該当する場合もある。

　つまり、セカンドラベルはファーストラベルの廉価版や格下ワインではなく、いわば副産物。有名シャトーが手掛けているため品質はお墨付きで、しかも価格は比較的手頃とあって、近年人気が高まっている。特にボルドーワインの場合は、なかなか手が出ない高価格帯が多いイメージだが、セカンドラベルならチャレンジできるはず。「名門のワインは敷居が高い」と思っていた人も、試してみてほしい。

---
**POINT**
ワイン選びのポイント
---

**格付けシャトーの
セカンドラベルを選ぶ**

ボルドーなどの有名シャトーが出すセカンドラベルの中には、ファーストラベルと同様の栽培方法・製造方法で造られるハイクオリティーなものも多い。

**セカンドラベルなら
当たり年も安い！**

当たり年のワインは価格が高騰しやすいが、セカンドラベルであれば比較的リーズナブルに入手できる。熟成させることで、味わいに深みが増すものも多い。

**若くてもおいしい
セカンドラベル**

一般的に、セカンドラベルはファーストラベルよりも飲み頃を見極めやすい。若い年代のものも飲みやすく、すぐに楽しむことができるのでおすすめ。

# LES FORTS DE LATOUR

レ フォール ド ラトゥール   フランス

## "ボルドーワインの頂点"と称される
## 名門生まれのセカンドワイン

　五大シャトーの一つ「シャトー・ラトゥール」で造られ、最上級の品質と謳われるセカンドラベル。収穫されるブドウは100年以上にわたって大切に守られてきた畑のもので、ラトゥールの畑の中でもカベルネ・ソーヴィニヨンの生育に最も適した区画と言われる。濃厚な色味と豊かなタンニンを備え、レーズンやカシスといった赤い果実、スパイス、ドライフラワーなど、次々と開く複雑な香りが魅力。完熟したチェリーやプラムを思わせる味わいからは、ファーストラベルと同様の力強さが感じられる。セカンドラベルの域を超えた緻密で肉厚なボディに、しっとりと酔いしれてみてはいかがだろう。

**味わいチャート**

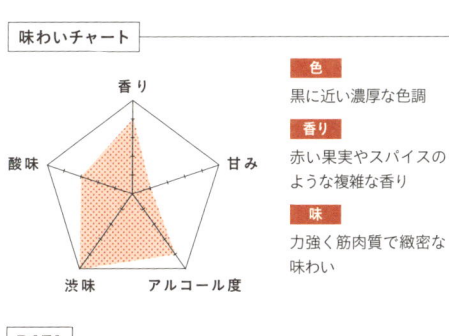

**色**
黒に近い濃厚な色調

**香り**
赤い果実やスパイスのような複雑な香り

**味**
力強く筋肉質で緻密な味わい

## DATA

ブドウ品種：カベルネ・ソーヴィニヨン、
メルロ、プティ・ヴェルド
生産地：ボルドー（ポイヤック）
ワイナリー：シャトー・ラトゥール
アルコール度数：14%
価格：36,720円／徳岡
☎ 06-6251-4560

## LE CLARENCE DE HAUT BRION

**ル・クラレンス・ド・オー・ブリオン**

 フランス

### ファーストラベルと同じ畑から生まれた完成度の高い逸品

　最も大きな特徴は、ファーストラベルとまったく同じ畑のブドウを使っていること。ファーストラベルよりも早くに飲み頃を迎えるが、エレガントな味わいはそのままだ。メルロの比率が高く、まろやかで柔らかい印象に仕上がっている。

**DATA**

ブドウ品種：メルロ、カベルネ・ソーヴィニヨン、カベルネ・フランなど
生産地：ボルドー
（ペサックレオニャン）
ワイナリー：
シャトー・オー・ブリオン
アルコール度数：14.5%
価格：24,480円／徳岡
☎ 06-6251-4560

## PAVILLON ROUGE DU CH. MARGAUX

**パヴィヨン・ルージュ・デュ・シャトー・マルゴー**

  フランス

### 偉大なシャトーの血を受け継いだ繊細かつ若々しい味わい

　"ボルドーの宝石"と称される「シャトー・マルゴー」のセカンドラベル。メルロを加えることで優雅さとしなやかさが強まり、ファーストラベルより一層繊細な味わいに。タンニンは強めで熟したカシスのような芳醇な風味もあり、早飲みでも美味。

**DATA**

ブドウ品種：カベルネ・ソーヴィニヨン、メルロなど
生産地：ボルドー（マルゴー）
ワイナリー：シャトー・マルゴー
アルコール度数：13%
価格：30,240円／徳岡
☎ 06-6251-4560

## Les Pagodes de Cos

**レ・パゴド・ド・コス**

 フランス

### 格付けシャトーに並ぶ実力派！個性的な味わいに夢中になる

　格付け2級シャトーの中でも、トップクラスの品質と評されるセカンドラベル。ブドウ由来の緻密度の高さ、味わいの深みは、ファーストラベルに匹敵する。スパイスやチーズを思わせる個性的な香りと、口内に広がるタンニンの強さがクセになる。

**DATA**

ブドウ品種：カベルネ・ソーヴィニヨン、メルロ、プティ・ヴェルド
生産地：ボルドー（サン・テステフ）
ワイナリー：シャトー・コス・デストゥルネル
アルコール度数：13.5%
価格：9,180円／モトックス
☎ 0120-344101

## Le Marquis de Calon Segur

**ル・マルキ・ド・カロン・セギュール**

 フランス

### ビターな大人の味わいに心がときめく

　"メドックのワイン王"と呼ばれるセギュール伯爵が最も愛したシャトーとして有名な「カロン・セギュール」。エスプレッソのようなビターな香りと、凝縮感のある力強い果実味はどこか男性的な印象を受ける。ハートのラベルがチャーミング。

**DATA**

ブドウ品種：メルロ、カベルネ・ソーヴィニヨン
生産地：ボルドー（サン・ナステフ）
ワイナリー：シャトー・カロン・セギュール
アルコール度数：14.5%
価格：4,968円／モトックス
☎ 0120-344101

# LA DAME DE MONTROSE

**ラ・ダム・ド・モンローズ**

 🍷 🇫🇷 フランス

**ワイン評論家をうならす
堂々たるクオリティーに脱帽**

　世界的に有名なワイン評論家ロバート.M.パーカー.Jr.氏による評価法で、94点という高得点を獲得。メルロの比率がファーストラベルよりも高く、ヴィンテージに左右されない重厚な味わいは、ボルドーワインの愛好家からも愛されている。

**DATA**
ブドウ品種：カベルネ・ソーヴィニヨン、メルロ
生産地：ボルドー（サン・テステフ）
ワイナリー：シャトー・モンローズ
アルコール度数：14%
価格：9,900円／徳岡
☎ 06-6251-4560

# LE PETIT LION DU MARQUIS DE LAS CASES

**ル・プティ・リオン・デュ・マルキ・ド・ラス・カーズ**

 🍷 🇫🇷 フランス

**濃厚な色味に魅せられる
セカンドワインの代表格**

　五大シャトーの一つ「シャトー・ラトゥール」の畑と隣接する「シャトー・レオヴィル・ラス・カーズ」。ファーストラベルより若い樹齢のブドウから造られ、向こう側が見えないほど濃厚な色味を持つ。ほど良い樽香と強いミネラル感がマッチする。

**DATA**
ブドウ品種：カベルネ・ソーヴィニヨン、メルロ、カベルネ・フラン
生産地：ボルドー（サン・ジュリアン）
ワイナリー：シャトー・レオヴィル・ラス・カーズ
アルコール度数：13%
価格：11,880円／エノテカ
☎ 0120-81-3634

# LE PETIT CHEVAL

**ル・プティ・シュヴァル**

 🍷 🇫🇷 フランス

**最高格付けのシャトーが生んだ
ゴージャスな味わい**

　ボルドーの銘醸地、サン・テミリオン地区の最高格付けに君臨する「シャトー・シュヴァル・ブラン」。セカンドラベルはファーストラベルよりも少し熟成期間が短いため、果実味豊か。口当たりはシルクのように柔らかく、リッチな味わいだ。

**DATA**
ブドウ品種：カベルネ・フラン、メルロ
生産地：ボルドー
(サン・テミリオン地区)
ワイナリー：
シャトー・シュヴァル・ブラン
アルコール度数：14%
価格：8,640円／徳岡
☎ 06-6251-4560

# OVERTURE

**オーバーチュア**

 🍷 🇺🇸 アメリカ

**見つけたらラッキー！
入手困難な激レアワイン**

　"作品番号1番"という意味のオーパスワンに対して、オーバーチュアは"序曲"という意味。生産量が極めて少なく、正規の販売店もないためなかなか入手できない稀少なワイン。生産されるたびにブレンド比率が変わる、複雑な味わいが魅力だ。

**DATA**
ブドウ品種：カベルネ・ソーヴィニヨン、カベルネ・フラン、メルロなど
生産地：カリフォルニア（ナパ）
ワイナリー：オーパス・ワン ワイナリー
アルコール度数：
ヴィンテージによって変動
価格：オープン価格／
しあわせワイン倶楽部
☎ 03-5761-8693

## Q4.
人気のワインや
注目すべきワイナリーなど、
ワインのトレンドを知りたい！

**A.** 伝統や規律にとらわれない
挑戦的なワイナリーが続出中！
日本の若い造り手にも注目しよう

　近年、アメリカや南半球など、新世界を中心にワイン造りは活況を見せている。カリフォルニアワインの重鎮「シャトー・モンテリーナ」が、「新世界は旧世界のワインを超えられない」という定説を覆すワインを生み、銘醸地ナパの名を世界に広めたのは有名な話だ。ほかにも、伝統的な製法や規律に縛られない革新的な手法を採り入れる造り手が増えている。

　そんな成長著しいワイン業界の中でも、日本の勢いは目覚ましいものがある。特に注目なのが、長野にある「千曲川ワインバレー」。ブドウの栽培に適した気候と土壌を有する千曲川周辺で、行政と民間が連携してワイン産業を応援するプロジェクトを実施している。現在では、個人ワイナリーが10以上集まり、ワインの生産量も急速に伸びている。こうしたユニークな試みやワインのトレンドが気になったら、ワインの専門店やリカーショップに足を運んでみよう。雑誌や情報サイトだけでは得られない、プロ視点の面白い話が聞けるかも。

---

*POINT*
### ワイン選びのポイント

|  |  |  |
|---|---|---|
| **チャレンジングな<br>造り手を選ぶ** | **勢いのある<br>日本ワインに注目** | **お店でプロに<br>聞いてみよう** |
| 新世界では、常識にとらわれない斬新なワインが続々と登場。一方、伝統を重んじる旧世界の造り手の中にも、新たな試みに挑戦する若手が増えている。 | 日本ワインは世界に通用するレベルまで急成長している。ワイン産業の振興を図る「千曲川ワインバレー構想」など、ワイン造りを応援する試みも活発だ。 | ワインの専門誌や情報サイトを確認するのも良いが、プロから直接話を聞けば、よりホットな情報が手に入るだろう。ソムリエと話すきっかけにしても。 |

# Marcel Deiss Alsace Blanc

マルセル・ダイス　アルザス ブラン

  フランス

## ワイン法を変えた造り手による
## 3つ星評価のアルザスワイン

　当主のジャン・ミッシェル・ダイス氏は、単一品種が一般的だったアルザスにテロワールの概念を持ち込み、「土地の個性を生かすには、ブドウは複数品種ブレンドすべき」と提唱。「ラベルに品種名を表記しなくても良い」など、アルザスのワイン法の改正を成し遂げたことでも知られる。そうして生まれたブレンドワインは、リースリング特有の白い花のアロマやゲヴュルツトラミネールのライチの香りが絡み合い、全体をピノ・ノワールの官能的な味わいが包み込む複雑な様相を体している。ビオディナミ農法を採用し、フランスで最も権威あるワイン評価本で最高の3つ星を獲得している。

### 味わいチャート

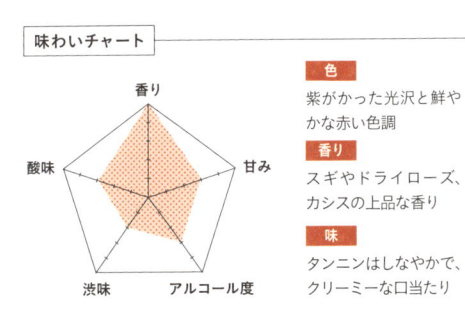

香り
酸味　　　甘み
渋味　アルコール度

**色**
紫がかった光沢と鮮やかな赤い色調

**香り**
スギやドライローズ、カシスの上品な香り

**味**
タンニンはしなやかで、クリーミーな口当たり

### DATA

ブドウ品種：ピノ・ブラン、リースリング、ゲヴュルツトラミネール、ピノ・ノワールなど
生産地：アルザス
ワイナリー：マルセル・ダイス
アルコール度数：13%
価格：3,996円／ヌーヴェル・セレクション
☎ 03-5957-1955

CHAPTER 6 ｜（お悩み別ワインリスト）

## Tazawa Merlot

ヴィラデスト タザワメルロー

  🔴 🇯🇵 日本

**土地の特性と自然の力を活かした
丁寧で優しい味わい**

　長野の千曲川沿いにあるワイナリ
ーで、合成農薬を使わずブドウを栽
培し、自生する酵母のみで発酵して
造られたワイン。瓶詰め前にろ過を
行わないことで、優しい味わいの中
にうま味をしっかり残した。ほどよ
い酸味とほのかな苦味の調和も妙。

**DATA**
ブドウ品種：メルロ
生産地：長野県東御市
ワイナリー：ヴィラデストワイナリー
アルコール度数：12%
価格：5,140円／
ヴィラデストワイナリー
☎ 0268-63-7373

## Chardonnay Colline d'Or

リュード ヴァン シャルドネ コリーヌドール

🟡 🇯🇵 日本

**フルーツ、ハチミツ、バニラの香り……
甘やかな香りの変化にうっとり**

　自社栽培のシャルドネだけを使用
し、ブルゴーニュのコート・ドール
地区と同じフレンチオークの小樽で
発酵と熟成を行った辛口白ワイン。
リンゴや白桃、ハチミツの甘い香り
に加えて、樽由来のバニラのような
香りも楽しめるのが特徴だ。

**DATA**
ブドウ品種：シャルドネ
生産地：長野県東御市
ワイナリー：リュードヴァン
アルコール度数：12%
価格：5,000円／リュードヴァン
☎ 0268-71-5973

## Assyrtiko by Gaia

アシルティコ バイ イエア

  🟡 🇬🇷 ギリシャ

**和食とも相性抜群！
フローラルで爽やかな白ワイン**

　ギリシャの銘醸地であるサントリ
ーニ島の固有品種アシルティコから
造られる白ワイン。アカシアやジン
ジャーのような香りがあり、豊かな
ミネラル分を感じる。すっきりした
味わいで、魚介類や鶏肉を使った料
理はもちろん、和食にも合う。

**DATA**
ブドウ品種：アシルティコ
生産地：サントリーニ島
ワイナリー：イエアワインズ
アルコール度数：13%
価格：4,536円／ヴァンドリーヴ
☎ 044-299-9772

## Green Songs Atamai Sauvignon Blanc

グリーンソングス アタマイ
ソーヴィニヨンブラン

 🟡 🇳🇿 ニュージーランド

**日本の栽培醸造家がNZで
追い求めたクリーンなワイン**

　青森出身の栽培醸造家が造る、グ
レープフルーツのような爽快な一本。
ソーヴィニヨン・ブラン特有のフレ
ッシュな香りを際立たせるため、温
度管理を徹底し、ステンレスタンク
で発酵。ドライな口当たりの後に、
優しい甘みと酸味がじんわり広がる。

**DATA**
ブドウ品種：ソーヴィニヨン・ブラン
生産地：ネルソン
ワイナリー：グリーンソングス
アルコール度数：12.5%
価格：3,564円／サザンクロス
☎ 042-497-6002

## Château Pontet-Canet

### シャトー・ポンテ・カネ

  フランス

### "新たなボルドー"に挑む
### 革新的シャトーの甘美な味わい

伝統を重んじるボルドーで、同地域で初めてビオディナミ農法に挑戦し、認証を取得。プラムやブラックベリーの黒系果実の香りに、鉛筆のようなニュアンスが加わって魅惑的な印象に。しっかりとしたタンニンと酸味がエレガントな余韻を残す。

**DATA**

ブドウ品種：カベルネ・ソーヴィニヨン、メルロ、カベルネ・フランなど
生産地：ボルドー（ポイヤック）
ワイナリー：シャトー・ポンテ・カネ
アルコール度数：13%
価格：15,768円／德岡
☎ 06-6251-4560

## Weingut Tesch Deep Blue

### テッシュ ディープ ブルー

  ドイツ

### 世界の潮流を読んだ
### ドイツワイン界の革命児

黒ブドウのピノ・ノワールを使った辛口白ワイン。代々甘口ワインをメインで醸造する伝統的なワイナリーだったが、世界のトレンドに合わせてほぼ全てのワインを辛口に転換。マイルドな酸味と後味にほのかに残る苦味が心地よい。

**DATA**

ブドウ品種：ピノ・ノワール
生産地：ナーエ
ワイナリー：テッシュ
アルコール度数：13%
価格：2,862円／モトックス
☎ 0120-344101

## Goose Bump

### グース・バンプ

  イタリア

### 完熟ブドウを贅沢に使った
### 甘口フレーバーの赤ワイン

シチリアの遅摘み完熟ブドウと陰干しブドウを使った赤ワイン。芳醇な果実味にあふれ、タンニンは滑らか。ほんのり甘いので、赤ワインが苦手な人でも飲みやすい。肉料理やブルーチーズのようなクセの強い食材と相性抜群で、冷やしても◎。

**DATA**

ブドウ品種：ネロ・ダーヴォラ、シラー、メルロ
生産地：シチリア
ワイナリー：フェウド・アランチョ
アルコール度数：13%
価格：1,350円／モトックス
☎ 0120-344101

## BENI ☆ AKANE

### ベニアカネ

 日本

### 白ワイン×ブドウジュース×梅果汁
### 新感覚の梅酒ワイン

白ワインをベースに、福井で収穫される稀少梅「紅映梅（べにさしうめ）」の果汁と国産ブドウジュースを絶妙な割合でブレンドしたフレーバードワイン。鮮やかなあかね色と果実由来の甘酸っぱい味わいが魅力だ。オンザロックもおすすめ。

**DATA**

ブドウ品種：ソーヴィニヨン・ブラン、コンコード、メルロなど
生産地：福井県
ワイナリー：エコファームみかた
アルコール度数：6%
価格：1,944円／エコファームみかた
☎ 0770-45-3100

CHAPTER 6 | （ お悩み別ワインリスト ）

**Q5.**

<u>大切な人の記念日に
気の利いたワインを贈りたい！
でも、どう選べば……？</u>

**A.** 生まれ年のヴィンテージワインも良いが、
縁起の良いラベルや出身地のワインから
セレクトすれば選択の幅が広がる！

誕生日や結婚記念日など、特別なシーンにワインを贈るのは粋なもの。しかし、いざ選ぶとなるとセンスが問われて難しい。そんなときは、相手の生まれ年や2人が出会った年、結婚した年と同じヴィンテージのワインを選んでみよう。年代物のワインは長期熟成による上質なものがほとんどで、節目の年を祝うのにぴったりだ。ただし、ヴィンテージワインは古くなるほど高額になる上、入手が困難な場合も多い。

そこでおすすめなのが、メッセージ性のあるラベルで選ぶ方法。銘柄の中には、縁起の良い言葉や愛のフレーズが込められたものもあり、日頃の感謝や激励などをストレートに伝えられるはず。イラストや写真のデザインがお祝いのシーンに合ったもので選ぶのも良いだろう。

また、相手の出身地や一緒に訪れた旅行先など、思い入れのある場所のワインを選ぶのも手。ワインをきっかけとして会話にパッと花が咲き、思い出に残るかけがえのないひとときを生んでくれるはずだ。

*POINT*
**ワイン選びのポイント**

**記念日のヴィンテージ
ワインを選ぶ**

誕生日や記念日にワインを贈るなら、同年のヴィンテージワインにするのが鉄板。入手が難しくなる前に、早めに購入してセラーで寝かせておくのも手だ。

**メッセージ性のある
ワインを選ぶ**

ラベルに書かれた銘柄やデザインの中には、励ましの言葉や愛の告白など、メッセージ性に優れたもの多い。贈りたい相手に合わせた言葉選びを。

**思い出のワインを選ぶ**

旅行先で一緒に飲んだワインなど、思い出に寄り添ったワインを選べば感動的なプレゼントになるはず。相手の出身地に合わせてワインを贈るのも粋だ。

# GEORGES DUBOEUF SAINT-AMOUR

**ジョルジュ デュブッフ サンタムール**   フランス

## 芳しい色香に満ちた
## "愛の聖人"の赤ワイン

　「ジョルジュ デュブッフ」は、ボージョレ地区の最上位に格付けされた造り手の一つで、"ボージョレの帝王"とも呼ばれている。ワイン名の「サンタムール」は、フランス語で"愛の聖人"という意味を持ち、その名にちなんで恋人や夫婦のプレゼントとして選ばれることも。花言葉に愛の意味を持つバラのモチーフもポイントだ。熟したアプリコットの果実と、ボタンを思わせる甘い香りが、ボージョレワイン特有の華やかさを際立たせている。また、ほど良い粘度があり、丸みのある口当たりなので、ワイン初心者にもおすすめ。酸味や渋味が控えめで、和食のような繊細な味わいの料理とも相性がいい。

### 味わいチャート

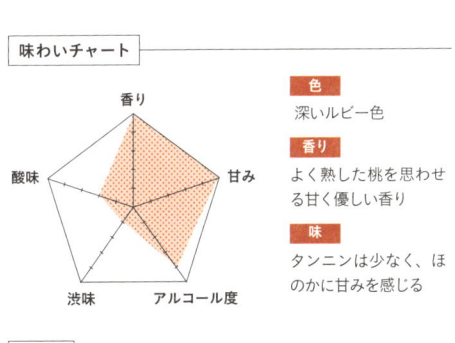

**色**
深いルビー色

**香り**
よく熟した桃を思わせる甘く優しい香り

**味**
タンニンは少なく、ほのかに甘みを感じる

### DATA

ブドウ品種：ガメイ
生産地：ボージョレ（サンタムール）
ワイナリー：ジョルジュ デュブッフ
アルコール度数：14%
価格：オープン価格／サントリーワインインターナショナル
☎ 0120-139-380（サントリーお客様センター）

CHAPTER 6 |（お悩み別ワインリスト）

## Chateau CHASSE SPLEEN

シャトー シャス・スプリーン

 フランス

**前向きなネーミングで大人気！
元気づけたい人への贈り物に**

　フランス語で「憂いを払う」という意味のポジティブな名前のワイン。砂礫や粘土、石灰質など、多様な土壌から生まれたブドウにより、ニュアンスに富んだ香りと、はっきりとした果実の味わいが楽しめる。新しい門出や節目の贈り物に。

**DATA**
ブドウ品種：カベルネ・ソーヴィニヨン、メルロなど
生産地：ボルドー（ムーリス）
ワイナリー：
シャトー・シャス・スプリーン
アルコール度数：13.5%
価格：6,210円／徳岡
☎ 06-6251-4560（代）

## Cœur de Cray Montlouis-sur-Loire Brut

クール・ド・クレイ モンルイ・シュル・ロワール ブリュット

 フランス

**愛の告白を綴った
長期熟成のスパークリングワイン**

　樹齢約50年のシュナン・ブランを100％使用し、36ヵ月にわたって瓶内熟成を行った一本。きめ細かい泡と複雑な味わいで、コストパフォーマンス抜群。ラベルの中央には、フランス語で「心から（愛しています！）」というメッセージが。

**DATA**
ブドウ品種：シュナン・ブラン
生産地：ロワール
ワイナリー：ドメーヌ・ド・クレイ
アルコール度数：12%
価格：3,132円／
ヌーヴェル・セレクション
☎ 03-5957-1955

## Henry de Vaugency Cuvée des Amoureux Blanc de Blancs Grand Cru

アンリ・ド・ヴォージャンシー キュヴェ・デ・ザムルー ブラン・ド・ブラン グラン・クリュ

 フランス

**恋人や夫婦で過ごす時間に
そっと添えたい"愛のワイン"**

　フランスで結婚の象徴とされる、"白鳩"がキスをしているハート型のラベルがポイント。白い花を思わせるフレッシュな香りと、桃やメロンのような上品な甘さは、ロマンチックな気分を盛り上げてくれる。結婚式の引き出物にも人気。

**DATA**
ブドウ品種：シャルドネ
生産地：シャンパーニュ
ワイナリー：
アンリ・ド・ヴォージャンシー
アルコール度数：12%
価格：6,372円／
ヌーヴェル・セレクション
☎ 03-5957-1955

## KOSHU TERROIR SELECTION IWAI

甲州 テロワール・セレクション 祝

 日本

**「祝」の一文字で
めでたい席を盛り上げる**

　甲府盆地の東に位置する祝地区のブドウのみを使っていることから名付けられた「祝」。糖度の高い白桃のようなフルーツの香りが華やかに広がり、澄みきった苦味が後味にほのかに残る。正月や宴会などでめでたい席でもしっかり見栄えする。

**DATA**
ブドウ品種：甲州
生産地：山梨県
ワイナリー：勝沼醸造
アルコール度数：12%
価格：2,592円／モトックス
☎ 0120-344101

## Chateau Tasta Cuvee Isabelle

### シャトー タスタ キュヴェ イザベル

  フランス

**働く妻たちへ捧げる
尊敬と感謝の想いが詰まった一本**

　日頃、ワインの生産者を支えてくれる妻たちへの敬意を表して造られたワイン。タンニンは柔らかく、シルキーな口当たり。ブラックベリーのようなエレガントな香りも心地よい。煮込み料理やソースのかかったしっかりした味付けの料理にも合う。

**DATA**

ブドウ品種：メルロ、カベルネ・フラン
生産地：ボルドー（フロンサック）
ワイナリー：シャトー・タスタ
アルコール度数：13%
価格：1,728円／稲葉
☎ 052-741-4702

## Chateau GLORIA

### シャトー・グロリア

 フランス

**讃美歌が聞こえてきそうな
"栄光"を冠した赤ワイン**

　「グロリア」とはラテン語で"栄光"という意味。讃美をイメージした華やかなラベルと相まってお祝いの席にぴったりだ。口当たりはまろやかで、ブルーベリーのような新鮮な果実味が広がると、ミントやスミレを思わせる清涼感が余韻に続く。

**DATA**

ブドウ品種：
カベルネ・ソーヴィニヨン、メルロ、
カベルネ・フランなど
生産地：ボルドー（サン・ジュリアン）
ワイナリー：シャトー・グロリア
アルコール度数：13.5%
価格：5,616円／エノテカ
☎ 0120-81-3634

## KRESSMANN SAUTERNES HALF

### クレスマン ソーテルヌ ハーフ

  フランス

**食後のひとときにぴったり！
甘露のような極上の甘みを堪能**

　ボルドーが生んだ至極の極甘口ワイン。黄金色の美しい色味と、ハチミツやドライフルーツのような凝縮された甘みが魅力。しっかり冷やして、チーズやフォアグラと合わせれば最高のマリアージュを堪能できる。記念日の特別なディナーに最適。

**DATA**

ブドウ品種：セミヨン
生産地：ボルドー（ソーテルヌ）
ワイナリー：クレスマン
アルコール度数：13%
価格：2,160円（375mL）／徳岡
☎ 06-6251-4560

## Chateau Valandraud

### シャトー・ヴァランドロー

 フランス

**トップワインに比肩する
若き実力者の"シンデレラワイン"**

　2012年のサン・テミリオン格付けで特別第1級に昇格し、驚異的な早さでトップクラスに上り詰めた気鋭のワイナリーの一本。ベリーの香りに黒鉛の香りが混ざった優雅な香りが秀逸だ。サクセスストーリーにあやかって昇進祝いに贈ってみては。

**DATA**

ブドウ品種：
メルロ、カベルネ・フラン
生産地：
ボルドー（サン・テミリオン）
ワイナリー：シャトー・ヴァランドロー
アルコール度数：13%
価格：32,400円／徳岡
☎ 06-6251-4560

## Q6.

「オーガニックワイン」って
最近よく聞くけど、
どれがいいのか分からない！

**A.** まずは、認証マークが
付いているかチェックしてみよう。
ビオディナミ農法は一飲の価値あり！

オーガニックワインを選ぶ上で一つの指標になるのが、ラベルに記載される認証マーク。ビオディナミの認証は、国やEU、組合ごとにしっかりとした規定があり、ブドウが有機栽培されたものであることや、酸化防止剤の使用の制限など、厳しいガイドラインをクリアしている証明となるので、判断基準にしやすい。ただ、認証マークの表記は義務ではなく、中には基準をクリアしていても、あえて認証マークを記載していないオーガニックワインも存在する。

数あるオーガニックワインの認証の中でも、最も厳格と言われているのがビオディナミ認証。最大の特徴である、月や惑星などの天体の動きを重要視する独自の農法や、有機栽培、醸造方法など細かい取り決めがあることで知られる。認証機関は、「デメテール」や「ビオディヴァン」などが有名なので、認証マークをチェックしてみよう。

また、オーガニックワインの中には、クセの強い風味のものも多い。銘柄を飲み比べながら自分に合った味わいを見つけよう。

### POINT
### ワイン選びのポイント

**ラベルに
認証マークがある**

オーガニックワインは、国や組合ごとの基準をクリアした証である認証マークを記載していることが多い。認証マークを目印にすると探しやすい。

**ビオディナミ農法の
ワインを選ぶ**

農法や醸造法を厳格に定めているビオディナミ農法。天体の動きを元にした「農業暦」が代表的だ。ほかの農法で造られたワインにはない独特の個性がある。

**実際に飲んで
好みの味わいを探す**

オーガニックワインの中には、クセの強い香りや個性的な口当たりのものも多い。できるだけ試飲をして、自分の好みに合うものを探してみよう。

# Lunaria Pinot Grigio

**ルナーリア・ピノグリージョ**　  **イタリア**

## 「ビオディナミ農法」にこだわった
## 芳醇な香りのナチュラルワイン

　イタリア・アブルッツォ州の生産者協同組合が手掛ける、デメテール認証付きの箱ワイン。ブドウの栽培はビオディナミ農法を採用し、人の手を極力加えないのがこだわりだ。「ルナーリア」の名前の由来は、ビオディナミ農法に欠かせない「月（ルナ）」。皮が薄いピンク色のピノ・グリージョ（ピノ・グリ）を、皮ごと短時間漬け込んで造っているため、白ワインながらほんのりピンクがかった色調になっている。すりおろしたリンゴのようなフレッシュな果実味と優しい酸味が感じられ、辛口でありながら飲みやすい。酸化しにくい箱ワインなので、一人でも気軽にナチュラルワインを楽しめる。

**味わいチャート**

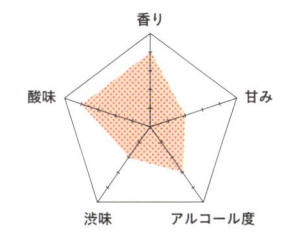

**色**
淡いピンク色

**香り**
キャンディーやハーブ、桜餅のような甘い香り

**味**
酸味と果実味のバランスが取れたフレッシュな味わい

**DATA**

ブドウ品種：ピノ・グリージョなど
生産地：アブルッツォ
ワイナリー：オルソーニャ協同組合
アルコール度数：13%
価格：4,644円（3L）／ディオニー
☎ 075-622-0850

## Bio Bio Bubbles Extra Dry NV

**ビオ・ビオ・バブルス エクストラドライ**

 🇮🇹 イタリア

### 一度飲んだら忘れられない "ヒヨコのスプマンテ"

　ヒヨコの鳴き声の「Pio」とビオロジック農法の「Bio」をかけた愛らしい名前とラベルが特徴。クリーミーな泡が口内で柔らかく広がり、青リンゴやライムなどの果実香に、フローラルなニュアンスが加わる。フレッシュな余韻も心地良い。

**DATA**
ブドウ品種：ガルガネガ
生産地：ヴェネト
ワイナリー：チェーロ・エ・テッラ
アルコール度数：11%
価格：1,469円／ヴィントナーズ
☎ 03-5405-8368

## Cono Sur Organic Cabernet Sauvignon & Carmenere & Syrah

**コノスル オーガニック
カベルネ・ソーヴィニヨン / カルメネール / シラー**

  チリ

### 厳しい有機認定をクリアした テロワールの自然な味わい

　ドイツの有機認定機関「BCSエコ」の認定を受けた有機栽培のブドウを使用。オーク樽で6ヵ月、ステンレスタンクで2ヵ月熟成させたワインは、チェリーの果実香にバニラの香りが混じる。土壌由来の滋味あふれるミネラル感も。

**DATA**
ブドウ品種：カベルネ・ソーヴィニヨン、カルメネール、シラー
生産地：コルチャグアヴァレー、リマリヴァレー
ワイナリー：ヴィーニャ・コノスル
アルコール度数：12.5%
価格：1,296円／スマイル
☎ 03-6731-2400

## Nature Vivante Rouge

**ナチュール・ヴィヴァン・ルージュ**

  フランス

### 大自然への想いが詰まった サーファー発案の"海のワイン"

　「サーフィンとワインを"自然"というキーワードでつなごう」と現役サーファーが企画。南フランスのオーガニックブドウを使って、タンニンと酸味のバランスが良く、柔らかな口当たりに。売上の1％は、海辺の環境保護団体へ寄付される。

**DATA**
ブドウ品種：
カベルネ・ソーヴィニヨン、メルロ
生産地：ラングドック
ワイナリー：ボンフィス
アルコール度数：15%未満
価格：1,620円／ディオニー
☎ 075-622-0850

## Fiesta de Azul y Garanza

**フィエスタ**

 🇪🇸 スペイン

### 砂漠地帯のテロワールを利用した パワフルな赤ワイン

　ヨーロッパ最大の砂漠地帯の一端で造られる赤ワイン。乾燥した空気とピレネー山脈から吹き下ろす北風により、害虫が寄りつかず自然な栽培に適している。果実香の中に樽やなめし革のニュアンスがあり、飲みごたえのある力強い味わいだ。

**DATA**
ブドウ品種：ガルナッチャ、テンプラニーリョ
生産地：ナバーラ
ワイナリー：アスル・イ・ガランサ
アルコール度数：13.5%
価格：1,242円／モトックス
🆓 0120-344101

## CHRISTIAN BINNER GEWURZTRAMINER

**クリスチャン・ビネール ゲヴュルツトラミネール**

 🇫🇷 フランス

### 洗練された自然派ワインの華やかなアロマに陶酔

　有機栽培に加えて、酸化防止剤の使用を極力控えたワイン。高度な技術で自然派ワイン特有のクセのある香りをきれいに取り払っている。ライチやバラのような香りがグラスいっぱいに広がり、ハチミツのような濃密な甘さを堪能できる。

**DATA**
ブドウ品種：ゲヴュルツトラミネール
生産地：アルザス
ワイナリー：クリスチャン・ビネール
アルコール度数：14%
価格：3,780円／ディオニー
☎ 075-622-0850

## Los Pinos Barrica

**ロス ピノス バリッカ**

  スペイン

### バレンシア初！有機認証を取得したワイン

　有機栽培と手摘みにこだわって造られたワイン。赤い果実のジャムやスパイスのようなアロマの中に、樽のバニラ香が混じることでより甘みが強調される。まろやかな口当たりとバランスの良いタンニンで飲みやすく、グラスがつい進んでしまう。

**DATA**
ブドウ品種：カベルネ・ソーヴィニヨン、シラー、テンプラニーリョ
生産地：バレンシア
ワイナリー：ボデガス・ロス・ピノス
アルコール度数：14%
価格：1,728円／稲葉
☎ 052-741-4702

## MEINKLANG GRUNER VELTLINER

**マインクラング グリューナー フェルトリナー**

 オーストリア

### ビオディナミ農法の先陣をきる繊細な味わいのオーストリアワイン

　オーストリアのビオワインの先駆者として知られるマインクラング。オーストリアの代表的な白ブドウを使い、酸味とミネラル感を見事に調和させた。軽やかな口当たりと優しいアロマが心地よく、和食など繊細な味わいの料理にも合う。

**DATA**
ブドウ品種：
グリューナー・フェルトリーナー
生産地：ブルゲンラント
ワイナリー：マインクラング
アルコール度数：11.5%
価格：2,592円／徳岡
☎ 06-6251-4560

## Seresin Estate Sauvignon Blanc

**セレシン・エステイト ソーヴィニヨン・ブラン**

 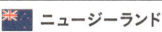 ニュージーランド

### 世界的な撮影監督が手掛けるテロワールを素直に表現したワイン

　『ハリーポッターシリーズ』3作目を手掛けた撮影監督がワイナリーのオーナーとして造ったワイン。日照量が多い土壌による、はつらつとした酸味と新鮮な果実味を抽出した。ビオディナミ農法を採用し、デメテール認証も取得している本格派だ。

**DATA**
ブドウ品種：ソーヴィニヨン・ブラン、セミヨン
生産地：マールボロ地区
ワイナリー：セレシン・エステイト
アルコール度数：13%
価格：3,078円／モトックス
☎ 0120-344101

# Q7.
## 日本のワイナリーが
## 続々と増えているけれど、
## どこのワインがおすすめですか？

**A.** 国内のワインコンクールを参考にしよう。
同じ品種でも産地によって
味が違うから飲み比べてみて！

今やレストランや酒販店でもおなじみになり、造り手も急増している日本ワイン。そんな日本ワインの見極め方の一つに、2003年から毎年開催されている「日本ワインコンクール」が挙げられる。審査は国産ブドウ100％のワインを対象に、国際コンクール同様、ブラインドテイスティングで行われる。ワインジャーナリストや研究者など、外国人を含む業界関係者によって選ばれた入賞ワインは海外から評価を受けるものも多く、飲んでみて損はない。

また、日本の代表的な品種である「甲州」も外せない。特に、山梨はブドウの生育に適した気候であることから良質な甲州ワインが次々と生まれ、国際大会で金賞を受賞するなど、世界的に実力が認められている。

一方で同じ品種でも、産地によって多彩な味に変化する。例えばシャルドネなら、長野はフルーティーな味わいに、九州では厚みがあってまろやかな味わいに感じられる。日本のテロワールを生かした個性豊かなワインは、飲み比べて堪能してほしい。

---

### POINT
### ワイン選びのポイント

**「日本ワインコンクール」
入賞ワインを選ぶ**

国内最大級のコンクール「日本ワインコンクール」では、日本の気候や風土のポテンシャルを生かしたワインが多数発掘されるので、要チェック。

**日本らしさを感じるなら
山梨の「甲州」を**

日本の代表品種である甲州は、繊細で清涼感のある味わいが魅力。特に山梨は日照量が多く、雨に弱い甲州の生育に適しているため、良質なワインが豊富だ。

**シャルドネなら
長野or九州**

シャルドネは、日本各地で栽培されている人気の品種。その中でも、果実味に優れた長野のワインと、コクがあって濃厚な九州のワインはおすすめだ。

# KIKKA CHARDONNAY

菊鹿シャルドネ

  日本

## 果実味と凝縮感に優れた
## 九州が誇る南国テイストのワイン

　九州最高峰の"シャルドネの名手"として知られる「熊本ワイン」。その中でも、たびたび入手困難になるほどの人気を誇るのが「菊鹿シャルドネ」だ。降水量の多さに悩まされながらも、日照量の多さと昼夜の寒暖差を活用し、果実味と凝縮感のあるワインを実現した。熟したリンゴやパイナップルのようなトロピカルな香りに、1年間の樽熟成によって生まれたバニラ香が重なり、口当たりもまろやかな仕上がり。シャルドネらしいほど良い酸味の中に、ふんわりと甘い味わいも兼ね備えている。少し冷やしてから飲むと、すっきりとした辛口の爽快感とうま味のバランスが絶妙だ。

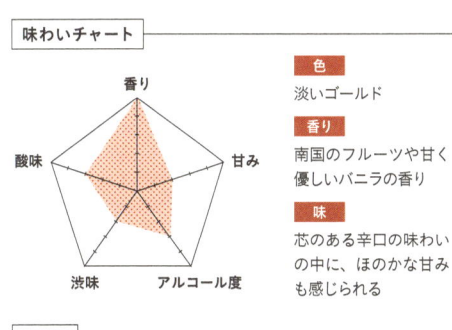

**味わいチャート**

（レーダーチャート：香り、甘み、アルコール度、渋味、酸味）

**色**
淡いゴールド

**香り**
南国のフルーツや甘く優しいバニラの香り

**味**
芯のある辛口の味わいの中に、ほのかな甘みも感じられる

**DATA**

ブドウ品種：シャルドネ
生産地：熊本県
ワイナリー：熊本ワイン
アルコール度数：13%
価格：2,860円／熊本ワイン
☎ 096-275-2277

## Tarujuku Koshu

### 樽熟甲州

  日本

**清らかさの中にほんのり感じる
上品な熟成香**

　国内のワインコンクールで数々の
受賞歴を誇る実力派ワイナリーによ
る一本。早摘みブドウを使い、すっ
きりとした味わいに。また、ステン
レスタンクで発酵後、樽で熟成させ
ることでフレッシュな香りに熟成香
のニュアンスをプラスしている。

**DATA**

ブドウ品種：甲州
生産地：山梨県
ワイナリー：イケダワイナリー
アルコール度数：12％
価格：1,674円／イケダワイナリー
☎ 0553-44-2190

## Azumino Sauvignon Blanc

### 安曇野 ソーヴィニョンブラン

  日本

**若草やハーブが香る
清涼感抜群のクリアなワイン**

　標高680mにある自社畑で栽培し
たソーヴィニヨン・ブランを使用し、
ブドウ特有の若草やハーブのような
冷涼感あふれる香りを引き出した白
ワイン。キレのある辛口な味わいの
中に感じられる、生き生きとした酸
味も爽やかな余韻に。

**DATA**

ブドウ品種：ソーヴィニヨン・ブラン
生産地：長野県
ワイナリー：安曇野ワイナリー
アルコール度数：12％
価格：3,024円／安曇野ワイナリー
☎ 0263-77-7700

## Takocham

### たこシャン

   日本

**たこ焼きのお供に最高！
大阪発のスパークリングワイン**

　たこ焼きと相性抜群という異色の
スパークリングワイン。農薬や化学
肥料を通常の半分以下に抑える「大
阪エコ農産物」に認定されたブドウ
を、シャンパーニュと同じ瓶内二次
発酵で醸造。酸味の中にほのかな甘
みが感じられ、ソースとよく合う。

**DATA**

ブドウ品種：デラウェア
生産地：大阪府
ワイナリー：カタシモワイナリー
アルコール度数：12％
価格：2,376円／カタシモワインフード
☎ 072-971-6334

## Nana-Thu-Mori Pinot Noir

### ナナツモリ ピノ・ノワール

  日本

**ピノ・ノワール一本で勝負する
若きワイナリーのビオワイン**

　有機栽培にこだわりを持つワイナ
リーが生み出す、全国の造り手から
注目を集める一本。ひと口飲むと、
ベリーやミント、腐葉土など、まる
で山の中を散策しているような香り
が広がる。酸やタンニンが硬いので、
2年以上熟成させて飲んでほしい。

**DATA**

ブドウ品種：ピノ・ノワール
生産地：北海道
ワイナリー：ドメーヌ・タカヒコ
アルコール度数：12％
価格：3,996円／ドメーヌ・タカヒコ
☎ 非公開

# HATAKKI
# Merlot&Cabernet Sauvignon

## ハタッキ メルロ＆カベルネソーヴィニヨン

  日本

### ビターな香りに濃厚な味わい
### 大人の魅力が詰まった赤ワイン

日本では珍しいフルボディタイプの赤ワイン。複雑な味わいを生むため、複数のブドウ品種を樫樽で熟成させている。ビターチョコレートやエスプレッソのようなほろ苦い香りと、ゆっくりほどけていくような濃密な口当たりは何ともぜいたく。

**DATA**

ブドウ品種：メルロ、
カベルネソーヴィニヨン、
プティ・ヴェルド
生産地：山形県
ワイナリー：高畠ワイナリー
アルコール度数：14%
価格：3,000円／高畠ワイナリー
☎ 0238-57-4800

# La Florette Rose rose

## ラ・フロレット ローズ・ロゼ

  日本

### ピュアな甘さと麗しい香りは
### デザートワインにもおすすめ

日本では栽培面積が少ない、稀少な黒ブドウのミルズを使ったロゼワイン。花や白桃のような華やかな香りとふくよかな味わいが特徴で、クセのないきれいな甘みと酸味を堪能できる。ラベルのバラは、ワインの色調や風味をイメージしている。

**DATA**

ブドウ品種：ミルズ
生産地：山梨県
ワイナリー：奥野田ワイナリー
アルコール度数：8.5%
価格：1,944円／奥野田葡萄酒醸造
☎ 0553-33-9988

# Meister Selection Cuvee
# Zweigelt Rebe

## マイスターセレクションキュヴェ
## ツヴァイゲルトレーベ

  日本

### 自然豊かな土地で育まれた
### 気品のある赤ワイン

町土の76%以上を山林が占める、山形の朝日町生まれのワイン。発酵前に低温で一定期間醸すことで、果実味を最大限抽出し、フランス産の樽で10ヵ月熟成。黒コショウのスパイシーな香りと樽香を含んだ、滑らかな口当たりに仕上がっている。

**DATA**

ブドウ品種：ツヴァイゲルトレーベ
生産地：山形県
ワイナリー：朝日町ワイン
アルコール度数：13%
価格：3,456円／朝日町ワイン
☎ 0237-68-2611

# AJIMU WINE ALBARINO

## 安心院ワイン アルバリーニョ

  日本

### 飽くなき研究から生まれた
### リッチな果実香とビターな余韻

自社畑でスペイン特有の品種アルバリーニョの試験栽培を進め、温度差の激しい気候を生かして良質なブドウを育てることに成功。アプリコットや桃のような鮮烈な香りを見事に引き出した。柔らかい酸味と後味に残るほろ苦さがアクセントに。

**DATA**

ブドウ品種：アルバリーニョ
生産地：大分県
ワイナリー：安心院葡萄酒工房
アルコール度数：11.5%
価格：3,142円／三和酒類
☎ 0978-34-2210

**Q8.**
素敵なラベルにひと目惚れ！
どんなワインかよく知らないが、
ジャケ買いしても大丈夫？

**A.**
もちろんOK！
ラベルやボトルにも造り手のこだわりが
詰まっているので直感で選ぶのもアリ。

お店に行ってワインを品定めしていると、おしゃれな模様やコミカルなイラスト、著名な画家が手掛けた絵画など、実にさまざまなラベルがあることに気付くだろう。

ラベルは、ワインの個性や造り手の思いを表現したもの。産地や品種によってワインを選ぶのは定石の一つだが、時にはラベルを見て心にビビッと感じたものを手に取るのもおすすめだ。優れた造り手の中には、ラベルはもちろん、キャップシールなどの細部にまでこだわりを見せることも多いので、直感で選ぶことは運命的なワインに出会う近道といえるかもしれない。さらに、自然保護や福祉などのチャリティー活動の一環としてラベルがデザインされることも。ラベルにまつわるエピソードを知ることで、ワインの味わいは一層深みを増すはずだ。

また、ボトルの形状やパッケージで個性を出す造り手もいる。バッグの形をしたラグジュアリーな箱ワインや猫型のブルーボトルなど、飾って楽しめる一品も。自分の直感を信じてジャケ買いしてみよう。

## POINT
### ワイン選びのポイント

**気に入ったラベルを
直感で選ぶ**

ラベルにはワインの個性が反映されたものも多く、見ただけで味のイメージが伝わってくるもも。難しく考えず、好みのラベルを探してみよう。

**キャップシールも
チェック！**

ワインの中には、キャップシールにロゴやエンブレムなどがデザインされたものも。細部までこだわり抜かれたワインは、味わいも期待できる。

**ボトルの形状や
パッケージを重視**

ワインボトルはどれも一緒と思われがちだが、猫や魚、バッグの形など、ユニークなものも多数。プレゼントやパーティーにもおすすめだ。

# Chateau MOUTON ROTHSCHILD

シャトー・ムートン・ロスチャイルド　　 ｜  フランス

## 名だたる芸術家たちによる
## 時代を映したアートラベル

　ボルドーのメドック特級格付け第1級である
「シャトー・ムートン・ロスチャイルド」。
1964年以降、ミロやピカソといった時代を象
徴するアーティストたちにアートラベルを描か
せ、コレクターが多いことでも知られる。
2014年のラベルを手掛けるのは、造り手の家
族と親交が深かったイギリス人画家のデイヴィ
ッド・ホックニー氏。ラベルに描かれたペアの
グラスは、ワイナリーへのあふれんばかりの期
待感と偉大なワインが誕生していった奇跡を表
現している。スパイスやバニラの香りが何とも
エレガント。滑らかな口当たりの後には熟した
果実を思わせる芳醇な甘みが広がる。

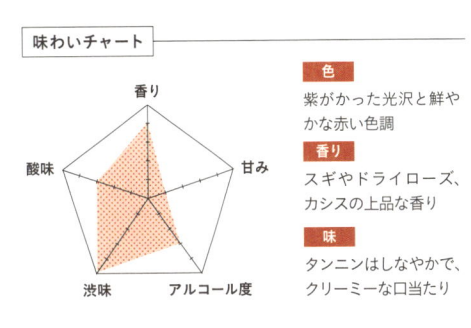

味わいチャート

| **色** |
| --- |
| 紫がかった光沢と鮮や |
| かな赤い色調 |

| **香り** |
| --- |
| スギやドライローズ、 |
| カシスの上品な香り |

| **味** |
| --- |
| タンニンはしなやかで、 |
| クリーミーな口当たり |

### DATA

ブドウ品種：カベルネ・ソーヴィニヨン、メルロ、
カベルネ・フラン
生産地：ボルドー（ポイヤック）
ワイナリー：シャトー・ムートン・ロスチャイルド
アルコール度数：13%
価格：66,960円／エノテカ
☎ 0120-81-3634

## La Vague Bleue Sparkling

ラ・ヴァーグ・ブルースパークリング

 🇫🇷 フランス

### リゾート気分を味わえる
### 青色のスパークリングワイン

　ワイン名は、フランス語で「波」という意味。透き通った青い色味はインパクト抜群だ。お菓子のような甘い香りとすっきりとした酸味が特徴で、グレープフルーツのような苦味が後味にほのかに残る。果実味豊かで、飲みごたえもしっかり。

**DATA**

ブドウ品種：ソーヴィニヨン・ブラン
生産地：プロヴァンス
ワイナリー：エルヴェ・ケルラン
アルコール度数：11.5%
価格：2,430円／モトックス
☎ 0120-344101

## Feudo Arancio Pinot Grigio

フェウド・アランチョ ピノ・グリージョ

  イタリア

### エキゾチックなラベルに誘われて
### 馥郁とした香りに酔いしれる

　熟したアプリコットや桃のような芳醇な香りが特徴の白ワイン。とろけるような果実味と穏やかな酸味で飲みやすく、後味にほのかに渋味が残って飲みごたえも感じられる。ラベルはアラビア工芸品に用いられる絵柄がモチーフで、エキゾチック。

**DATA**

ブドウ品種：ピノ・グリージョ
生産地：シチリア
ワイナリー：フェウド・アランチョ
アルコール度数：13%
価格：1,350円／モトックス
☎ 0120-344101

## Cuvee Marie Christine Provence Rose

キュヴェ・マリー・クリスティーヌ
プロヴァンス ロゼ

  フランス

### ボトルのデザインに注目！
### フランス王室も愛したロゼ

　18世紀までフランス王家の御用達だったワイナリーによる一本。プロヴァンス初のオリジナルボトルとして登録された華やかな形と、美しいサーモンピンクの色味が印象的。口当たりはドライで、ザクロのような甘酸っぱさがじんわりと広がる。

**DATA**

ブドウ品種：グルナッシュ、
シラー、サンソー
生産地：プロヴァンス
ワイナリー：シャトー・ド・ロムラード
アルコール度数：12.5%
価格：2,052円／モトックス
☎ 0120-344101

## BESOS DE CATA TORRONTÉS

ベソ・デ・カタ トロンテス

 🇦🇷 アルゼンチン

### 上品で色っぽい
### 女性に人気の辛口白ワイン

　キスマークが散りばめられた、セクシーなラベルのアルゼンチンワイン。固有品種のトロンテスを使った白ワインで、色調はグリーンがかった淡いイエロー。リンゴのような華やかな香りに、爽やかな酸味とハチミツのような甘みが上品に調和する。

**DATA**

ブドウ品種：トロンテス
生産地：メンドーサ
ワイナリー：ボデガ・ラ・ローサ
アルコール度数：12.5%
価格：756円／カサ・ピノ・ジャパン
☎ 045-309-6006

## U mes U Fan Tres Brut Rose

**1+1＝3 ブリュット ロゼ**

 🇪🇸 スペイン

### 二大巨頭が生んだ
### 可憐なロゼスパークリングワイン

　スペインで"幻のブドウ"と呼ばれる品質のブドウを栽培するピニョル家と、ペネデスでトップワイナリーとして君臨するエステーベ家が手を組んだ一本。「1+1＝3」は2人の出会いを表している。イチゴのような香りと上品な果実味は幻想的だ。

**DATA**
ブドウ品種：トレパット、ガルナッチャ、ピノ・ノワール
生産地：ペネデス
ワイナリー：
ウ・メス・ウ・ファン・トレス
アルコール度数：13%
価格：2,484円／
ヌーヴェル・セレクション
☎ 03-5957-1955

## Vernissage Rose

**ヴェルニサージュ ロゼ**

 🇫🇷 フランス

### 思わず持ち運びたくなる!?
### ハンドバッグ型のロゼワイン

　「H&M」の広告などで有名なグラフィックデザイナーがパッケージを手掛けた、ハンドバッグ型の箱ワイン。箱の中身は真空パックで酸化しにくく、風味が長持ちする。渋味はソフトで心地よく、クリーミーな口当たり。パーティーにもおすすめだ。

**DATA**
ブドウ品種：シラー
生産地：
ラングドック＆ルーション
ワイナリー：ノルディック・シー・ワイナリー
アルコール度数：13%
価格：3,888円（1.5L）／
ヌーヴェル・セレクション
☎ 03-5957-1955

## VINS DUPRAT FRERES HEART CABERNET SAUVIGNON

**ヴァン・ドゥプラ・フレール ハートラベル
カベルネ・ソーヴィニヨン**

 🇫🇷 フランス

### 骨太のどっしりとした味わいを
### ハートのラベルが優しく包む

　ブドウの房と葉で描かれたハートのラベルが印象的。チャーミングな見た目とは裏腹に味わいは力強く、ほど良い渋味とうま味が全体にボリューム感を与える。プルーンのような完熟した果実香に、スパイシーな香りが加わるのも特徴だ。

**DATA**
ブドウ品種：カベルネ・ソーヴィニヨン
生産地：ラングドック＆ルーション
ワイナリー：
ヴァン・ドゥプラ・フレール
アルコール度数：13%
価格：1,296円／
マルカイコーポレーション
☎ 06-6443-2071

## Gustav Adolf Schmitt Rheinhessen Riesling Q.b.A. Cat Shaped Blue

**グスタフ アドルフ シュミット ラインヘッセン
リースリング Q.b.A. ブルーネコボトル**

 🇩🇪 ドイツ

### ドイツの老舗醸造所が手掛ける
### キュートな猫ボトル

　1618年創業の由緒あるワイナリーによる甘口白ワイン。猫の形をした鮮やかなブルーのボトルがユニークだ。リンゴや洋ナシなどの豊かな果実香が特徴で、キレのあるしっかりとした酸味と上品な甘みとのバランスがちょうど良い。

**DATA**
ブドウ品種：リースリング、ミュラー・トゥルガウ
生産地：ラインヘッセン
ワイナリー：
グスタフ・アドルフ・シュミット
アルコール度数：
ヴィンテージによって変動
価格：オープン価格／メルシャン
☎ 0120-676-757

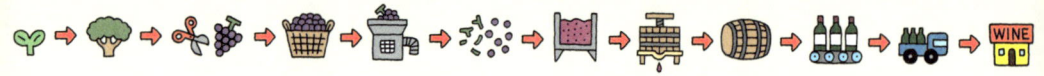

# 飲むなら知っとこ！
# ワイン用語集

## あ

### アイスワイン（アイスヴァイン）
畑で自然に凍ったブドウから造られる甘口ワイン。

### アタック
ワインを口に含んだときの味わいの第一印象。

### 圧搾
果皮や種子に圧力を掛け、液体を搾り出し分離する作業。圧搾機を使って行うのが一般的。

### アッサンブラージュ
品種や収穫年、テロワールの違うワインをブレンドすること。

### 亜硫酸塩（ありゅうさんえん）
ワインに添加して酸化や腐敗、再発酵などを防止する。大量に摂取すると有害だが、ワインに使用する程度の量であれば問題はない。

### アロマ
嗅覚で感じられる香りの総称。ブドウ果実由来の第1アロマと、発酵過程で生じる第2アロマがある。

### ヴァラエタル・ワイン
ブドウ品種名を表示したワイン。アメリカのワイン法では、単一ブドウ品種を75%以上使った高級格付けワインを指す。

### ヴァンダンジュ・タルディヴ（VT）
アルザス地方で造られる遅摘みの甘口ワイン。完熟するまで摘まず、果汁糖度を高めたブドウで造られる。

### ヴィエイユ・ヴィーニュ
高樹齢のブドウの樹のこと。また、そこから収穫したブドウのみで造られたワインのこと。ただし、ラベルに表示する際の規制が国によって違うため、表示があっても当てはまらない場合もある。

### ヴィンテージ
ワインの原料となるブドウの収穫年のこと。

### 右岸
ボルドー地方のドルドーニュ川の右岸地域、主にポムロール地区とサン・テミリオン地区を指す。

## AOC
アペラシオン・ドリジーヌ・コントローレ（原産地呼称統制ワイン）。フランスのワイン法における最上級の格付け。生産地域、ブドウ品種、醸造方法などを厳しく定めたAOC法の基準を満たした最高級ワイン。新法ではAOP。

### エチケット
ワインボトルに貼ってあるラベル。ワイン名、産地、格付け表示、ブドウの収穫年、原産地名などが記されている。

### MLF（マロラクティック発酵）
リンゴ酸を乳酸菌が食べることによって乳酸と炭酸ガスが発生する現象。ワインがまろやかな味わいになる。

### オーク
樫の木。世界中でワインを熟成させるための樽を作る原材料になっている。

### 大樽
容量600L以上の樽。樽によるワインへの影響は穏やかで、ゆっくりと熟成が進む。

### 澱（おり）
ワインの熟成にともない生じる沈殿物のこと。渋味の成分であるタンニンなどのポリフェノール類やペクチン、酒石、たんぱく質、酵母菌体などの混合物で溶けにくい。また、ワインをある樽から別の樽に移し、澱やそのほかの沈殿物から分離させる作業を「澱引き」という。

## か

### カーヴ
フランス語でワイン貯蔵庫のこと。イタリア語ではカンティーナ。

### カヴァ
スペインのカタルーニャを中心に生産される良質なスパークリングワイン。シャンパーニュ方式という伝統的な製法で造られる。

### 果梗（かこう）
ブドウ果実の柄の部分。強い渋味、苦味、エグ味がある。

## カルトワイン
1980年代以降に登場した、著名なワインメーカーなどにより少量生産された超高級ワイン。ワイン評論家から高く評価され、極めて高価格で取引される。

## 貴腐ワイン
貴腐ブドウから造られる極甘口の白ワイン。貴腐ブドウとは、完熟した白ブドウに貴腐菌（ボトリティス・シネレア菌）が付くことによって水分が蒸発し、糖分やエキス分が凝縮したもの。

## 旧世界
ワインの定番国と言われているヨーロッパ諸国のことを指し、フランス、イタリア、スペイン、ドイツなどが該当する。

## グラン・ヴァン
「偉大なワイン」という意味をもち、フランスワインのボトルに使用される。極めて高い品質のワインを指すが、法的に品質を保証する言葉ではなく、合法的な定義もない。

## グラン・クリュ
優れたワインを生み出す特級畑のこと。ブルゴーニュ地方では最高の特級畑のことを指すが、ボルドー地方ではシャトーごとの独自の格付けを指す。

## クリュ
フランス語で「畑」の意味。

## クレマン
フランスの7つの地方で認定された、シャンパーニュ方式で造られたスパークリングワインの呼称。ただし、シャンパーニュ地方は除く。

## クローン
種から育成せず、挿し木などの方法で栽培されたブドウのこと。親ブドウと同じ品質になる。

## 交配品種
異なるブドウの品種を人為的に掛け合わせた品種。

## 酵母
アルコール発酵を行う微生物。ブドウの果皮には、天然酵母がもともと存在する。

## 小樽
容量300L以下の樽。樽と接触する表面積の割合が大きいため、ワインが樽の影響を受けやすい。

## 古樽
1回以上ワインを寝かせたことのある樽。新樽よりも落ち着いた樽香がワインに付く。

## 混醸（こんじょう）
複数のブドウ品種を一つの発酵槽に入れて、一緒に発酵させること。

## さ

## 左岸
ボルドー地方を流れるジロンド川およびガロンヌ川の左岸一帯、主にメドック地区とグラーヴ地区を指す。

## サスティナブル（保全）農法
減農薬による農法。可能な限り化学物質の使用を避け、必要な場合のみ限られた範囲内で使用する。

## シェリー
白ブドウのみを原料とする、世界三大酒精強化ワインの一つ。15〜22度くらいのアルコール度数。

## 自然派ワイン
有機栽培でブドウを育てるほか、酸化防止剤の使用を控える、天然酵母で発酵させるなど、可能な限り自然の力でワインを造る方法。ヴァン・ナチュールとも呼ぶ。

## シノニム
その産地固有のブドウ品種の名前のこと。

## シャンパーニュ
フランス北東部に位置する産地名。また、この地方のAOC法で定められている厳しい条件に基づいて造られたスパークリングワインのこと。これ以外のワインはシャンパーニュを名乗ることはできない。

## シャンブレ
ワインセラーで冷えすぎたワインを室温にならすこと。

## 熟成
ワインを樽や瓶の中で保存すること。熟成期間によって、味わいや香りが複雑になり、角が取れて柔らかい印象になる。

## シュール・リー
醸造技術の一つで、発酵終了後、発生した澱を取り除かずにそのまま発酵容器底部に残し、ワインと一緒に数ヵ月保存することでさらに複雑味、うま味を引き出す製法。

## 醸造酒
原料となる果実や穀類をアルコール発酵させることで生まれる酒類。

## 除梗（じょこう）
収穫したブドウから果梗を除去すること。

## 浸漬（しんし）
赤ワインの発酵時に、果皮や種子を果汁と一緒に漬けて色素やタンニンなどを抽出すること。醸しとも呼ばれる。

## 新世界
欧州以外のワイン新興国のことを指し、アメリカ、チリ、オーストラリア、ニュージーランド、アルゼンチン、南アフリカ、日本などが当てはまる。

## 新樽
新品の樽。ワインに木の香りが強く付く。

## スーパースパニッシュワイン
スペインで固有品種を主体にボルドースタイルで造られた高品質なワイン。

## スーパーセカンド
ボルドーの格付けシャトーにおいて、2級以下ながら1級レベルと評価されるほどの品質のワイン。

## スーパートスカーナ（スーパータスカン）
イタリア・トスカーナでワイン法を無視して造られた、高品質の国産品種のワイン。

## スティルワイン
非発泡性のワイン。一般的にワインというとこれを指す。

## スプマンテ
イタリア語で「発泡性の」という意味。イタリアにおける3気圧以上のスパークリングワインの呼称。

## スワリング
ワインの入ったグラスを回すこと。ワインを空気に触れさせ、香りを開かせる効果がある。

## セカンドラベル
ファーストラベルほどのレベルに達しなかったワインや、樹齢の若いブドウから造られたワインのこと。高品質でありながら、手頃な価格のものが多い。

## セニエ法
フランス語で「血抜き」を意味する、ロゼワインの醸造方法の一つ。赤ワインの造り方と同様に、果汁に果皮や種子を漬け込んだまま発酵させる。

## セパージュ
フランス語で「ブドウの品種」のこと。数種類のワインをブレンドして味を調整した際の、ブドウの比率を示すときに使われたりもする。

## セレクション・ド・グランノーブル（SGN）
貴腐ブドウを使用して造られた極甘口ワイン。「粒選り摘み」「貴腐」を意味する。

### た

## 樽香（たるこう）
樽でワインを熟成させた際に生じる香りのこと。樽熟成によって個性や高級感を生み、他社と差別化を図るワイナリーも多い。

## 単一畑
ある一区画の畑だけのブドウから造られたワインのこと。通常はラベルに畑名が書いてある。

## タンニン
ブドウの種子や果皮に含まれる渋味成分。

## 直接圧搾法（ちょくせつあっさくほう）
ロゼワインの醸造法の一つ。黒ブドウを使って白ワインと同じ醸造方法で造る。

## DOCG
イタリアのワイン法における保証付原産地統制名称ワインのこと。新法ではDOPと呼ばれる。

## テイスティング
ワインの色、香り、味などを確認すること。

## デキャンタージュ
ワインをワインボトルからデキャンタに移し替えること。移し替える際に、ワインボトルの底に溜まった澱を取り除いたり、ワインを空気に触れさせることで香りを良くしたりする効果がある。

## テロワール
ブドウが育つ場所や土壌、気候など、ブドウを取り巻く全ての自然環境のこと。

## ドメーヌ
自社で畑を持ち、ブドウ栽培からワインの醸造まで一貫して行う造り手。小規模なところが多い。

### な

## 涙
ワイングラスの内側にワインの雫が伝わって落ちる現象。アルコール度数の高いワインに多く見られる。

## ネゴシアン
自社で畑を持たずに、ブドウの果実や果汁、樽詰めワインなどを生産者から仕入れて、自社で醸造・瓶詰めを行う造り手。

## 粘性（ねんせい）
ワインのとろみや粘り気を指す。アルコール度数や糖度が高くなると、ワインの粘性が高くなる。

## NV（ノンヴィンテージ）
異なる収穫年のブドウをブレンドしているため、明確な収穫年を表記できない場合に用いられる。ワインによってはラベルに表記がない場合もある。

### は

## 破砕（はさい）
醸造工程の一つで、ブドウの果実を果皮が破れる程度につぶすこと。

## 発酵
発酵酵母によって糖分がアルコールと炭酸ガスに変化する工程のこと。

## パッシート
陰干ししたブドウで造った、イタリアの甘口ワイン。

## バトナージュ
醸造技術の一つで、樽やタンク内のワインの澱をかき混ぜること。澱に含まれるうま味成分や風味が抽出される。

## ビオディナミ農法
化学物質を一切使わず、天体の周期を基に農業を行い、自然界の力を最大限利用して行う有機農法。

## ビオロジック農法（オーガニック農法）
自然の生態系を崩さずに、化学物質を一切使用しない農法。一般的な有機農法。

## ビジャージュ
人の手によってタンクをかき混ぜる作業で、櫂入れとも呼ぶ。ルモンタージュよりソフトな抽出となる。

## 瓶内二次発酵（びんないにじはっこう）
スパークリングワインの醸造工程の一つ。ベースとなるスティルワインに糖と酵母を加え、密閉した瓶内で意図的に発酵させて、発生した炭酸ガスを液体に閉じ込める。

## フィネス
ワイン全体の上品さを表す最上級の表現。高品質なワインに対して用いられることが多い。

## フィロキセラ
ブドウ樹の根に寄生する害虫で、耐性のないブドウの樹に付着すると、たちまち腐らせてしまうブドウ樹の天敵。

## ブーケ
発酵後の工程とワインボトル内で生成される香り。「第3のアロマ」とも呼ばれる。

## フォーティファイドワイン
ワインの醸造工程中に、アルコール度数が40度以上のブランデーやアルコールを添加し、全体のアルコール度数を15〜22度程度まで高めて、コクや保存性を高めた酒精強化ワインのこと。

## ブショネ
不良コルクによる刺激臭。カビや湿った段ボールのような臭い。

## ブラン・ド・ブラン
白ブドウのシャルドネ100%で造られたシャンパーニュ。

## プリムール
「初物」という意味の、出来上がったばかりのワイン。市場にリリースされる前のワインを購入する取引のことを指す場合もある。

## フレーバードワイン
薬草や果実、甘味料、エッセンスなどを加えて、味わいや香りをより華やかにしたワイン。サングリアやベルモットなどが該当する。

## プレステージ・シャンパーニュ
極上の原酒のみで造られる、シャンパーニュの最上級ランク。

## ボディ
ワインのコクや力強さを表現するときに用いられる。渋味が強く、味や香りが濃厚で、色も濃いワインをフルボディ、渋味や酸味、香りがほど良いバランスのワインをミディアムボディ、渋味が少なく軽いワインをライトボディという。

## ま

## マグナム
通常の2倍のワイン（1.5L）が入るワインボトル。出荷数が少なく、熟成スピードが遅い。

## マセラシオン
果汁を果皮と接触させたまま、タンニンやアロマ、色素などの成分を抽出すること。浸漬（しんし）とも呼ぶ。

## ミレジメ（ヴィンテージ・シャンパーニュ）
単一年の原酒のみから造られるシャンパーニュ。ブドウの出来がいい年に生産され、収穫年がラベルに表記される。

## メゾン
シャンパーニュにおける生産者の名称。大手の生産者はグラン・メゾンと呼ばれる。

## ら

## ルモンタージュ
ワインのステンレスタンクの下部から最上部へパイプをつなぎ、ワインを循環させる醸造方法。ビジャージュよりも作業効率が良く、近代的。

## レコルタン・マニピュラン（RM）
フランスのシャンパーニュにおいて、ブドウの栽培から醸造までを自社で行う生産者のこと。

## わ

## 若飲み
瓶内熟成があまり進まないタイプのワインのこと。瓶詰め後、約半年〜3年で飲み頃を迎える。

## 監修者　大西タカユキ

1978年、兵庫県西宮市生まれ。ワインプロデューサー。“ワイン嫌い”だったにもかかわらず、ワインの輸入会社に入社。フランス、イタリア、ドイツ、スペインなど、ヨーロッパ各地のワイナリーを訪問して修業を積み、2011年より「ワインで世界を笑顔に！」をテーマに独立。月額500円で入れる日本一楽しいワインスクール「ワイン大楽（だいがく）」や、ワインショップの運営、ソムリエのいない飲食店のワインプロデュースなどを通じて、ワインの“楽しさ”を発信している。また、茶道や書道、日本の伝統音楽、絵画など、さまざまな業界とのコラボワインイベントを実現し、「ワイン界の異端児」とも呼ばれている。

**参考文献**
『最新版 ワイン完全バイブル』井手勝茂監修（ナツメ社）
『ワイン テイスティングバイブル』谷宣英著（ナツメ社）

編集協力　● 辻井悠里加、菊池茄奈（KWC）
デザイン　● 上田幸代
イラスト　● 大川久志
撮影　　　● 小林友美
校正　　　● 高山修一
編集担当　● 柳沢裕子（ナツメ出版企画株式会社）

本書に関するお問い合わせは、書名・発行日・該当ページを明記の上、下記のいずれかの方法にてお送りください。電話でのお問い合わせはお受けしておりません。
・ナツメ社 web サイトの問い合わせフォーム
　https://www.natsume.co.jp/contact
・FAX（03-3291-1305）
・郵送（下記、ナツメ出版企画株式会社宛て）
なお、回答までに日にちをいただく場合があります。正誤のお問い合わせ以外の書籍内容に関する解説・個別の相談は行っておりません。あらかじめご了承ください。

# 基本を知ればもっとおいしい！
# ワインを楽しむ教科書

**ナツメ社 Web サイト**
https://www.natsume.co.jp
書籍の最新情報（正誤情報を含む）はナツメ社Webサイトをご覧ください。

2018年 5 月 1 日　初版発行
2025年 6 月 1 日　第21刷発行

監修者　　大西タカユキ　　　　　　　　　　　　　　Ohnishi Takayuki,2018
発行者　　田村正隆

発行所　　株式会社ナツメ社
　　　　　東京都千代田区神田神保町1-52　ナツメ社ビル1F（〒101-0051）
　　　　　電話　03（3291）1257（代表）　FAX　03（3291）5761
　　　　　振替　00130-1-58661

制　作　　ナツメ出版企画株式会社
　　　　　東京都千代田区神田神保町1-52　ナツメ社ビル3F（〒101-0051）
　　　　　電話　03（3295）3921（代表）

印刷所　　ラン印刷社

ISBN978-4-8163-6429-7　　　　　　　　　　　　　　　Printed in Japan